武装直升机作战效能仿真与评估方法

孙世霞　来国军　张宏斌　著

科学出版社

北京

内 容 简 介

仿真是分析评估武器装备作战效能的一种有效手段。本书结合作者多年来的学术研究和科研实践，从基础理论、建模实践和仿真开发三个方面系统论述了武装直升机作战效能的仿真与评估方法。全书共 9 章：第 1～4 章为基础理论部分，介绍武装直升机的有关知识及建模、仿真与评估的基本概念和基本方法；第 5～7 章为建模实践部分，介绍武装直升机的装备实体和作战行动建模方法，并分析典型目标的毁伤计算方法；第 8、9 章为仿真开发部分，介绍当前常用的作战仿真平台和仿真系统开发与运行方法。

本书可作为系统工程、仿真工程、军事装备学和军事运筹学等专业研究生的参考教材，亦可供相关军事和工程技术人员参考。

图书在版编目(CIP)数据

武装直升机作战效能仿真与评估方法 / 孙世霞，来国军，张宏斌著.
—北京：科学出版社，2019.11

ISBN 978-7-03-061867-2

Ⅰ. ①武…　Ⅱ. ①孙…　②来…　③张…　Ⅲ. ①武装直升机－作战效能－仿真系统　Ⅳ. ①E926.396

中国版本图书馆CIP数据核字(2019)第146050号

责任编辑：张海娜　赵微微 / 责任校对：郭瑞芝
责任印制：赵　博 / 封面设计：蓝正设计

科学出版社 出版
北京东黄城根北街 16 号
邮政编码：100717
http://www.sciencep.com
涿州市般润文化传播有限公司印刷
科学出版社发行　各地新华书店经销
*
2019 年 11 月第　一　版　开本：720 × 1000　B5
2025 年　1　月第四次印刷　印张：11 3/4
字数：234 000

定价：98.00 元

(如有印装质量问题，我社负责调换)

前　言

直升机是一种由发动机驱动旋翼旋转产生升力并具有垂直起降和空中悬停等能力的飞行器。武装直升机是指配备有机载武器和火力控制系统的直升机，主要用于攻击地面目标、水面目标和水下目标，实施护航及空战等，具有突防能力强、机动性和隐蔽性好、杀伤能力大等特点。现代战争中，武装直升机主要可遂行以下任务：攻击坦克及装甲目标，实施近距离火力支援，为机降、运输和战勤直升机提供安全护卫，争夺超低空制空权等。此外，武装直升机还可遂行侦察、空中指挥、电子战和其他作战任务，因而被称为“战场上的多面手”和“决胜于一树之高的撒手锏”。在未来的高技术战争中，武装直升机将会发挥日益重要的作用。

武装直升机的作战效能是作战使用和装备发展部门都十分关心的问题。分析武器装备作战效能的方法通常有解析法、实践法和仿真法。解析法需要掌握武器系统作战过程的解析数学模型，在此基础上进行精确的数学计算，只适用于模型结构清晰、参数分布规律明确的武器系统。实践法建立在战史调研考证、组织作战演习的基础上，由于组织实兵实弹演习代价高昂、数据采集十分困难和烦琐，除了用来验证某些非常重要的评估结果外，其使用有限。仿真法通过建立武器装备的作战模型和开发作战仿真程序，进行统计分析试验。该方法能够形象地展现武器装备的作战过程，可以多次重复运行，具有较低的开发和运行成本、便于统计分析和计算等优点，已成为现代武器装备作战效能评估最常用的方法之一。

本书围绕武装直升机作战效能的仿真与评估问题，从基础理论、建模实践和仿真开发三个方面系统论述构建评估指标体系、设计评估计算方法、建立作战仿真模型、开发仿真评估系统的理论、方法与步骤。

全书共 9 章。第 1～4 章为基础理论部分。其中第 1 章介绍武装直升机和机载武器系统的组成结构，并总结其作战运用。第 2 章阐述建模与仿真的基本原理和有关概念，辨析系统、仿真与评估的关系，并讨论武器系统与武装直升机作战效能仿真评估的实施过程。第 3 章讨论制定武装直升机效能评估指标的原则和一般方法，建立武装直升机作战效能评估指标体系，说明效能评估指标的描述和表示方法。第 4 章在介绍常用作战效能分析计算方法的基础上，深入研究武装直升机作战效能评估计算的方法，并给出作战效能仿真评估的方法。

第 5～7 章为建模实践部分。其中第 5 章描述武装直升机对地攻击的作战过程，构建武装直升机作战仿真的模型体系，并对直升机平台、任务设备和武器系统的模型进行静态特性描述和动态行为描述。第 6 章分析武装直升机的作战行动，建立武装直升机的作战想定模型和作战过程模型。第 7 章在对作战目标进行分类的基础上，分别以主战坦克、空中目标、地面指挥所，以及其他典型目标为研究对象，提出武装直升机对各类目标的毁伤分析方法。

第 8、9 章为仿真开发部分。其中第 8 章阐明仿真技术的发展历程，描述主要的仿真系统体系结构，介绍当前常用的作战仿真平台，并说明作战仿真平台的选型依据，可为仿真系统的技术体系结构设计和仿真开发平台选型提供参考。第 9 章基于 HLA 仿真技术标准和 KD-HLA 仿真支撑平台，介绍武装直升机作战效能评估仿真系统的联邦及成员的设计、开发与实现，说明系统运行过程，并分析其应用。

本书的主要内容来源于作者多年来学术研究和科研实践的总结与提炼。其中，第 1、4、9 章主要由来国军撰写，第 2、3、7 章主要由张宏斌撰写，第 5、6、8 章主要由孙世霞撰写。孙世霞和张宏斌对全书进行了策划和统稿，陈昕、曹花荣、滑朋杰等参与了部分章节的撰写并对全书进行了校核。

需要指出的是，建模与仿真技术发展很快，而且武器系统的效能评估是一项非常复杂的工作，本书仅是作者在工作中对该领域知识的一些粗浅认识和理解。在本书撰写过程中，参阅和部分引用了国内外许多专家学者的论文和专著，在此对他们表示衷心的感谢！

由于作者水平有限，书中难免存在疏漏之处，恳请读者批评指正！

作　者

2019 年 6 月于北京

缩略词说明

ADS	先进分布式仿真
AHP	层次分析法
ALSP	聚合级仿真协议
BOM	基础对象模型
CEP	圆概率偏差
CCD	电荷耦合器件
DIF	数据交换格式
DIS	分布交互仿真
FED	联邦执行数据
FEDEP	联邦开发与执行过程
FOM	联邦对象模型
HLA	高层体系结构
IDEF0	集成计算机辅助制造功能
JIDS	联合战术信息分发系统
MOM	管理对象模型
OEI	单发不工作
OMDT	对象模型开发工具
OMT	对象模型模板
RCS	雷达散射面积
RTI	运行服务系统
SBE	基于仿真评估
SOM	仿真对象模型

目　　录

第1章 绪　论

直升机(helicopter)是一种由发动机驱动旋翼旋转产生升力且具有垂直起降和空中悬停等能力的一种飞行器。直升机独特的飞行原理和操纵系统，使其具有其他飞行器所不具备的特殊本领和独特性能，如可以垂直起飞、垂直降落，能够向前后左右等方向飞行，可以在允许的高度上悬停和在空中定点转弯等。武装直升机(armed helicopter)是指配备有机载武器和火力控制系统的直升机，主要用于攻击地面目标、水面目标和水下目标，实施护航以及空战等；具有突防能力强、机动性和隐蔽性好、杀伤能力大等特点。

本章以专用武装直升机为基础，介绍武装直升机平台、直升机武器系统及其作战运用等，为武装直升机的作战效能分析与评估奠定基础。

1.1 武装直升机

为了提高直升机的作战能力，世界各国陆续在直升机上加装武器系统。20 世纪 40 年代，德国首先在 Fa-223 运输直升机加装了一挺机枪；50 年代，美、苏、法等国分别在直升机上加装武器系统，开始主要用于自卫，后来也用来执行轰炸、扫射等任务。60 年代初，美国在越南战争中大量使用直升机(多为运输型)，由于损失惨重，决定研制专用武装直升机。第一种专门设计的武装直升机是美国的 AH-1“眼镜蛇”武装直升机，1967 年开始装备部队，并用于越南战场。

在 20 世纪 80 年代的局部战争中，武装直升机再次现身，在两伊战争中出现了武装直升机的首次对决——米-24“雌鹿”武装直升机和 AH-1J“海眼镜蛇”武装直升机空战，将武装直升机发展带入了一个新阶段。1991 年海湾战争中，多国部队以较小的代价取得了决定性的胜利，武装直升机发挥了重要的作用。此后世界各军事强国都把发展武装直升机作为提高陆军作战能力的任务。

迄今为止，世界各国和地区陆续研制生产了多种型号的武装直升机，比较典型的有美国 AH-64“阿帕奇”武装直升机、AH-1“眼镜蛇”武装直升机，苏联米-24“雌鹿”武装直升机、米-28“浩劫”武装直升机、卡-50 武装直升机，法国和德国虎式武装直升机，意大利 A-129“猫鼬”武装直升机，南非 CSH-2“石茶隼”武装直升机，以及中国的直-X 型武装直升机等。

1.1.1 武装直升机的分类

武装直升机可分为专用型和多用途型两大类。专用型武装直升机机身窄长，作战能力较强；多用途型武装直升机除可用来执行攻击任务外，还可用于运输、机降等任务。美国的 AH-1 属于专用型武装直升机，而苏联的米-24 属于多用途型武装直升机。

专用型武装直升机又可分为攻击直升机、空战直升机、反潜直升机和反舰直升机。

(1) 攻击直升机(attack helicopter，又称为反坦克直升机)，主要用于对地面重要目标(包括坦克、装甲车辆、指挥所、雷达站、机场、桥梁等)实施攻击和对地面部队进行直接火力支援，通常配备有空地导弹、火箭弹、航炮、机枪等武器；有的还配有空空导弹，用于空中自卫，也可用于空战。

(2) 空战直升机(fighter helicopter，又称为歼击直升机)，主要用于歼灭敌方直升机或低空飞行的固定翼飞机，夺取低空、超低空制空权；也可为己方运输、战勤直升机护航。空战直升机通常配备有空空导弹、火箭弹、航炮、机枪等武器。

(3) 反潜直升机(anti-submarine helicopter)，用于搜索和攻击潜艇。分为陆基和舰载两类，通常配备有搜潜设备和航空反潜鱼雷、深水炸弹，有的还配有空舰导弹。

(4) 反舰直升机(anti-surface vessel helicopter)，用于攻击水面舰艇，分为陆基和舰载两类，通常配备有空舰导弹和火箭弹等武器。

反潜直升机和反舰直升机为海军用武装直升机。陆军和空军用武装直升机大多为一机两能型，即以攻击为主兼空战功能。通常不单独研制空战直升机。

1.1.2　武装直升机的组成结构

武装直升机主要由机体、起落装置、动力装置、旋翼系统、传动系统、操纵系统、机载设备和武器系统等组成。

(1) 机体一般由驾驶舱、机身、尾梁、水平/垂直安定面等组成，主要用于支持和固定发动机、减速器、旋翼、尾桨和着陆装置等部件，支持和容纳操纵、液压、燃油、电气、航电及武器等系统，是直升机的基本构成和平台。

(2) 起落装置按起飞重量和着陆场地的不同分为滑橇式、轮式、浮筒式和气囊式等，便于直升机起降；起落装置大多安装在机身两侧，轮式起落装置分为前三点式和后三点式，并装有转弯机构，便于在地面做小半径转弯。

(3) 动力装置多为 1 台或 2 台涡轮/涡轴发动机，安装在主减速器的前部或后部的动力舱内；发动机在机上的安装配套系统包括发动机安装、发动机排放、发动机控制和动力舱防火等系统。

(4) 旋翼系统由桨毂和若干片窄而长的桨叶组成，其中主旋翼系统安装在机体上方的旋翼轴上，发动机通过传动系统驱动其旋转，为直升机飞行提供所需的升力和操纵力。

(5) 传动系统一般由主减速器、中间减速器、尾减速器、动力传动轴组件、尾传动轴组件、旋翼刹车装置及其各自安装件等组成；其功能是将发动机的功率传递给主旋翼、尾桨，为主减速器上的附件提供动力，将主旋翼升力和尾桨推力及反扭矩传递到机身。

(6) 操纵系统由驾驶杆、桨距杆、自动倾斜器、脚蹬、操纵线系、助力器、摇臂等组成；其功能是将驾驶员的操纵通过座舱操纵装置传递到主、尾桨叶，实现直升机的姿态和状态控制。

(7) 机载设备是用于完成飞行和作战任务所需的各类仪电设备的总称，主要用于直升机、发动机和武器系统的参数显示与控制，通信、导航、目标探测、电子对抗、信息综合与处理等。

(8) 武器系统是由直升机上的武器和弹药、装挂与发射装置、火力控制系统等构成的综合系统，其效能的发挥与载机本身和机载设备的性能有关。

(9) 其他系统是指为保障直升机正常工作和安全飞行所需的系统，如电源系统、燃油系统、液压系统、滑油系统、照明系统、告警系统等。

美国的“阿帕奇”武装直升机在设计时利用驾驶员座舱下的弹药舱来抵御下方的火力，其模型结构如图 1-1 所示。

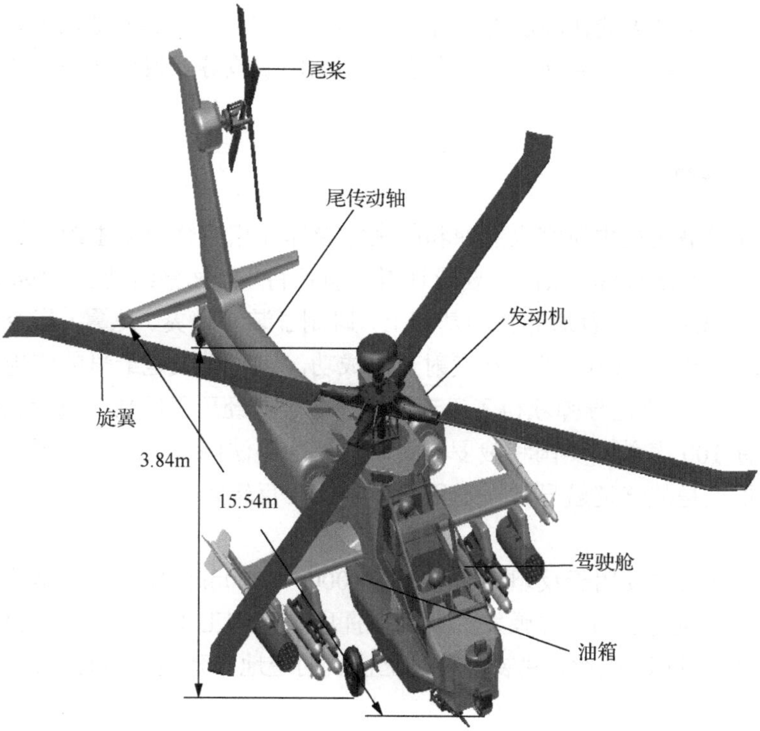

图 1-1　“阿帕奇”武装直升机的结构

表 1-1 为“阿帕奇”武装直升机的外形尺寸参数。与我国武装直升机相比较，“阿帕奇”武装直升机的外形尺寸和正面及侧面受弹面积大很多，用空空导弹对其实施攻击时命中率更高。

表 1-1 “阿帕奇”武装直升机机载航炮/航枪数据表

旋翼直径	旋翼弦长	尾桨直径	尾桨弦长	短翼翼展	机高	机长
14.63m	0.53m	2.79m	0.254m	5.23m	3.84m	17.76m

1.2 直升机武器系统

武装直升机能够携带空地导弹、空空导弹、航空火炮(航炮)、航空机枪(航枪)等多种武器，攻击敌方坦克、装甲车辆、指挥所、雷达站等地面高价值目标，对地面部队实施火力支援，还可与低空飞行目标进行空战。直升机武器系统是由所携带的各类弹药及武器挂架、发射装置、火力控制系统等构成的综合系统。

1.2.1 机载武器

武装直升机强大的作战能力来源于其“撒手锏”，即各类机载武器，归纳起来主要有空地导弹、空空导弹、航空火箭弹、航炮/航枪等。根据作战任务不同，其武器配置也不同。

1. 空地导弹

空地导弹最初是由航空火箭弹和航空制导炸弹相结合而诞生的。德国研制出世界上第一枚空地导弹，它的主要设计者是赫伯特·A. 瓦格纳博士。1940 年 7 月，瓦格纳等在 SC-500 型普通炸弹的基础上，研制了装有弹翼、尾翼、指令传输线和制导装置的 HS-283A-0，于当年发射试验成功。它可看成是最早的空地导弹。20 世纪 50 年代后，空地导弹获得了迅速发展，至今共经历了四代。现役和研制中的空地导弹有 100 多种，美国和俄罗斯最多，其次是法国、英国、德国、以色列等国家；其重点是战略巡航导弹、通用战术导弹、反辐射导弹、反坦克导弹和反舰导弹等。

武装直升机主要用于反坦克作战，在 4000～6000m 的距离摧毁敌方坦克、装甲运输车、地面雷达站、导弹发射架、指挥所、防御工事、通信及情报设施等地面高价值军事目标。因此，武装直升机上挂载的空地导弹通常也称为反坦克导弹，其组成如图 1-2 所示。

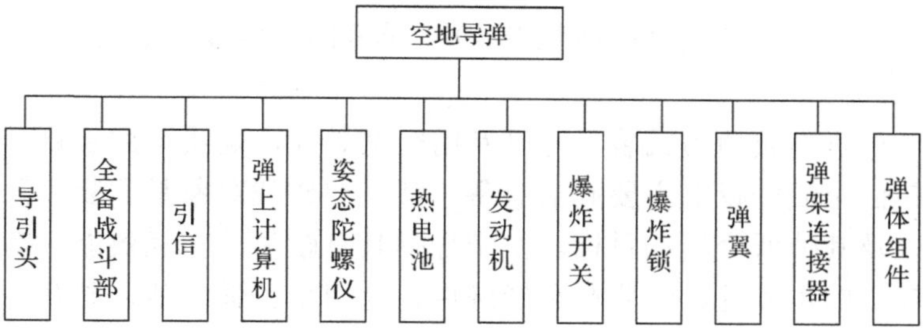

图 1-2 空地导弹的组成框图

空地导弹主要组成部件的功能如下所述。

全备战斗部：导弹的战斗部分，完成摧毁敌方目标的任务。

引信：导弹飞行到安全距离时解除保险，战斗部碰击目标或落地时引爆战斗部。

弹上计算机：放大姿态陀螺仪基准脉冲信号和控制指令信号，控制点火时间和弹翼转动。

姿态陀螺仪：导弹姿态控制系统的敏感元件，其作用是利用陀螺的定轴特性，测量得出导弹的滚转角。

发动机：导弹的动力装置。当为两级串联式固体火箭发动机时，前部为增速发动机，后部为续航发动机。

空地导弹的主要性能介绍如下：

(1) 最大射程。受地形、能见度等使用条件的限制，武装直升机载空地导弹的最大射程一般为 3000～8000m。

(2) 命中概率。空地导弹的命中概率在不同的射程上是不同的，一般在中、远射程上命中概率较高；第一代反坦克导弹命中概率为 70%，第二代反坦克导弹命中概率可达到 90%(针对 2.3m×2.3m 的固定靶或 2.3m×4.6m 并以 54km/h 的速度横向运动的活动靶)。

(3) 威力。空地导弹的威力通常表现为它在命中并可靠起爆战斗部的条件下，使敌方失去战斗力的程度及概率。因此，空地导弹攻击坦克时，其战斗部必须首先穿透装甲，然后进一步杀伤其乘员，破坏其内部设备，引燃其弹药、油箱等。一般常以战斗部能击穿的钢甲厚度作为衡量其威力的主要指标，如动破甲能力为 200～400mm/68°(导弹能穿透弹着点靶板的法线与弹轴成 68°，厚度为 200～400mm 的钢板)。

2. 空空导弹

从空中平台发射，用于攻击空中目标的导弹称为空空导弹。目前国外武装直升机装备的空空导弹基本上都是由固定翼飞机所使用的近距空空导弹(包括美国的“响尾蛇”AIM-9L、法国的“魔术”1/2、苏联的“蚜虫”AA-8 等)以及便携式地对空导弹(包括美国的“毒刺”FIM-92、苏联的SA-14、法国的“西北风”等)发展而来。

我国自行研制成功的武装直升机专用空空导弹，是我军武装直升机对空攻击、夺取超低空制空权的主要武器装备，其主要作战对象是武装直升机和其他直升机，以及其他低空活动目标。空空导弹具有较高的作战效能，有较强的攻击能力，较好的可靠性、维修性和经济性，采用全备弹包装、贮存、运输，以适应野外作战要求；空战中比航炮/航枪具有更大的优势，攻击范围大、离轴性能好、精度高。

空空导弹的发射装置挂装在武装直升机上，经发控装置与机载火控系统交联。导弹在火控、发控的指挥、控制和配合下，完成发射程序，然后进入自主飞行，攻击目标。根据武装直升机对空攻击作战的战术使用要求，空空导弹的主要作战任务是：

(1)武装直升机间的空中格斗；

(2)对坦克集群、机械化部队的护航；

(3)对直升机编队的护航；

(4)超低空域的战场拦截。

目前空空导弹系统主要由空空导弹、发射装置、机上火控、发控装置、地面测试与保障设备等组成。其中空空导弹一般分为Ⅰ、Ⅱ、Ⅲ三个舱段，Ⅰ舱段为制导舱，Ⅱ舱段为引信舱，Ⅲ舱段为后弹体，如图1-3所示。

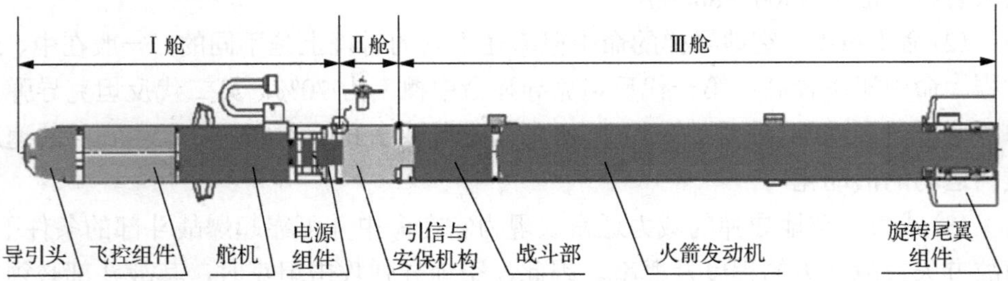

图1-3　空空导弹一般组成结构

Ⅰ舱(制导舱)由导引头、飞控组件、舵机和电源组件组成。导引头的主要功能是截获并跟踪目标，输出视线角速度信号并感知目标信息；飞控组件接收导引头输出的目标信息，产生过载的控制指令，也就是产生舵控指令；舵机接收控制指令，通过伺服电机驱动舵面偏转，进而控制导弹飞向目标，其主要功能是控制导弹的飞行力矩；电源组件是一个燃料电池，主要是为导引头、飞控组件和舵机提供电源。

Ⅱ舱(引信舱)由引信、安全和解除保险执行机构(即安保机构)组成。引信一般由近炸引信、触发引信和自炸引信组成，能够保证导弹在一定的交会条件穿越目标、直接命中目标、脱靶或遇靶未炸后在规定的时间内可靠给出引爆信号；安全和解除保险执行机构的作用是导弹发射后，适时解除保险并可靠引爆战斗部。

Ⅲ舱(后弹体)由战斗部、火箭发动机和旋转尾翼组件组成。

(1)战斗部安装在顶盖组合内部，也就是后弹体的前面，目前使用比较多的是离散杆式杀伤战斗部。离散杆式杀伤战斗部是一种预制大破片式杀伤战斗部，在正常起爆后，内置的杆件将沿近似垂直于弹轴的平面飞散，构成一圆形杀伤环；既兼具了破片式杀伤件初速高和连续杆式杀伤件质量大的优点，又弥补了破片式杀伤件尺寸小、重量轻和连续杆式杀伤件速度低的不足，利用高速飞散杆件的切割效应，对目标的要害部位产生剧烈的毁伤效果。

(2)火箭发动机由燃烧室和喷管组成。燃烧室内部由点火触头组合、点火器、壳体装药组合等组成；喷管是固体火箭发动机能量转化装置，其与燃烧室筒体相连接，将燃烧室内高温、高压燃气从喷管喷出，从而产生推力，推动导弹向前运动。

(3)旋转尾翼组件主要起到稳定飞行姿态的作用。

武装直升机空空导弹的主要优点是：以目视近战为主，发射后载机可以自由机动；适于低空发射，具备较好的超低空作战能力；重量轻、尺寸小，研制成本低。缺点是攻击的距离较近。

3. 航空火箭弹

武装直升机机载航空火箭弹不仅可以对地攻击，还可进行空战；主要用于杀伤地面有生力量，毁伤各种运输车辆、炮兵阵地、雷达站、通信枢纽、兵站等地面目标，也可用于毁伤舰船上的导弹发射装置和雷达等目标。

航空火箭弹的特点：一是威力比航炮/航枪大，并且可齐射和连射，在短时间内发射大量弹药压制目标；二是成本低，可以采用多种战斗部，配以不同的引信，攻击地面多种目标；三是结构简单，不怕干扰。但航空火箭弹最大的缺点是散布较广，命中精度较低，比较适合攻击地面目标；此外火箭弹发射初速较低，直升机悬停或低速飞行时的旋翼下洗流场对其弹道有较大影响，所以为稳定弹道，武装直升机发射的火箭弹多采用旋转飞行方式。

武装直升机使用的火箭弹口径主要为57mm、68mm、70mm和80mm，有些重型武装直升机，如卡-52、米-28N、米-24还可装备口径为122mm甚至250mm的火箭弹。口径越大，威力越大，但发射时的振动以及尾喷流也越强，对武装直升机的飞行操作和发动机的影响也越大。

航空火箭弹一般由引信、战斗部、发动机和稳定装置等部分组成，如图1-4所示。

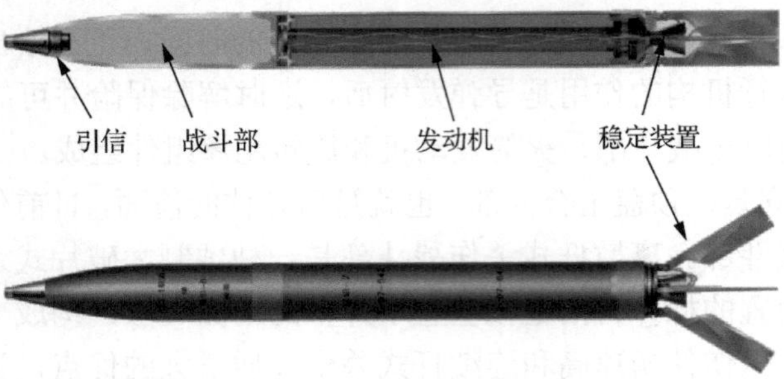

图 1-4 航空火箭弹的一般构造

(1)引信是火箭弹战斗部的引爆装置。为了对各种不同的目标都能造成较大的杀伤效果，需要采用爆炸时机不同的引信。目前航空火箭弹引信有瞬发引信、延期引信和非触发引信三种类型。

(2)战斗部由壳体、炸药组成，用来直接摧毁各种目标。按其破坏作用的不同，战斗部的结构形式也不同，一般有靠冲击波破坏目标的爆破型战斗部，以聚能效应破坏装甲目标的破甲型战斗部，以弹体破片杀伤目标的杀伤战斗部等，有的则具有综合效应。战斗部呈流线型，主要用来减小空气阻力，具有良好的空气动力特性。壳体为钢材，用于盛装炸药，前端有螺孔，用来安装引信，平时旋有防潮塞以防炸药受潮变质及保护安装孔螺纹。战斗部通过连接套与发动机相连接。

(3)发动机是火箭弹的动力装置，通常分为固体燃料火箭发动机和液体燃料火箭发动机两种。目前航空火箭弹普遍采用固体燃料火箭发动机，其由燃烧室、固体火药、挡药板、喷管和点火器等组成。燃烧室是发动机的主要部分，通常为圆筒状。在燃烧室内装填固体推进剂，推进剂的燃烧过程是在发动机燃烧室内完成的。推进剂是发动机的能源。目前航空火箭弹发动机普遍使用硝化甘油火药作为推进剂。硝化甘油火药是硝化棉在硝化甘油中胶化而成的，具有燃烧稳定等特点。挡药板用以将推进剂固定在燃烧室内一定位置上，在燃烧过程中还可防止未燃烧完的推进剂碎块流出而造成能量损失。固定推进剂的方式不同，挡药板的结构也不同。喷管一般具有先收敛后扩散的几何形状，通常称其为普通超声速喷管。其目的：一是利用喷管的收敛部分来控制燃烧室的压力；二是能使高温燃气膨胀加速，加大喷管气体的流速，以充分利用火箭推进剂的能量。点火器用来点燃发动机推进剂，一般由电点火管和引燃药组成。当电点火管通电时点燃引燃药，高温燃气流经推进剂燃烧表面，并在燃烧室内形成初始压力，使推进剂迅速同时燃烧，从而保证发动机很快过渡到稳定工作状态。

(4)稳定装置用来保证火箭弹稳定飞行，以提高射击准确性。航空火箭弹的稳定装置由尾翼和弹簧等组成。发射前，火箭弹的尾翼处于折叠状态；发射时，火箭弹尾部刚一离开发射筒口，尾翼便在弹簧作用下迅速张开；由于尾翼翼面与火箭弹轴线构成一定夹角，火箭弹在飞行中，气流作用尾翼使火箭弹绕纵轴旋转，形成陀螺稳定效应，防止由发动机推力偏心(推力作用方向和弹轴线不重合)和火箭弹的质量偏心等引起的射击偏差，保证火箭弹稳定飞行，提高射击准确性。为了运输、保管和维护的方便，防止尾翼变形，平时将尾翼折叠并用护套加以保护。

4. 航炮/航枪

航炮/航枪是机载武器中出现最早、应用最广泛的一类武器，既可用于空中近距格斗，又可以对地面目标进行打击。现代航空战场上，远距、中距可使用中远程导弹，近距可使用格斗导弹，似乎航炮与航枪在现代战场上已经无用武之地了。其实不然，航炮和航枪用途的多样性、可靠性、对使用条件的适应性、经济性、抗干扰性是导弹所不具备的。所以在现代空战中，它们可以相互补充，共同提高飞机作战能力。现代各国的主要作战直升机上都装备了航炮/航枪，如“阿帕奇”、米-28、米-24、卡-52 等。

航炮与航枪都属于航空自动武器。航空自动武器是指适于飞行器安装和作战需要的自动连续发射弹丸的武器。图 1-5 是某型直升机利用航空自动武器进行射击的画面。航炮/航枪主要用于空中自卫，压制地面火力，突击地面轻装甲目标，打击近距低空、海上与地面零散目标，消灭有生力量，进行空中火力支援等任务；另外，还可以进行辅助作战，如指示目标、施放电子干扰炮弹等。其打击的对象

图 1-5 航空自动武器发射

主要为非装甲及轻型装甲类目标。航空自动武器具有射速高(每分钟可发射数百发甚至数千发弹药)、可靠性好、重量轻、操纵简便(按发射电钮即可)、造价低和命中精度较高等特点。

航空自动武器的类别较多，按管数可分为单管式和多管式；按口径大小可分为航枪和航炮等(一般以 20mm 为界：口径≥20mm 的为航炮，口径<20mm 的为航枪)。直升机航炮的安装方式与固定翼作战飞机有很大的不同，后者是固定的，炮管的轴线基本上与固定翼作战飞机的轴线一致，而前者采用炮塔(又称活动射击装置)安装，其炮管的活动范围较大，尤其是在水平方向，有的可达±100°以上。例如，俄罗斯米-28N 的机炮水平活动范围为±110°，垂直活动范围为+13°～–40°；美国 AH-64A 机炮水平活动范围为±100°，垂直活动范围为+11°～–60°。航炮活动安装的最明显优点是武器射界大、反应快，不需要直升机做大的机动来进行机头指向调整，这对于武装直升机先敌攻击，减少在战场上的暴露和滞留时间，提高武装直升机的生存力无疑具有重要影响。

武装直升机航炮系统用于航炮弹的携带与排布、弹膛内炮弹的装填与退出、航炮武器轴线对应于瞄准线的随动、航炮的发射与停止，同时进行航炮弹已发射枚数和剩余枚数的计数等。航炮系统的航炮装置由供排弹系统、冷气充弹系统、随动系统等组成，它们与航炮、弹药及相应的瞄准、发射控制装置共同组成航炮系统。

航炮系统的主要组成部件：

(1) 航炮炮架。航炮炮架用于固定和将 23-2 航炮悬挂于随动挂架。

(2) 航炮及弹药。航炮及弹药固定于航炮炮架内。

(3) 供排弹系统。供排弹系统用于航炮弹的供弹和排布。

(4) 冷气充弹系统。冷气充弹系统用于航炮弹的装填、退弹和排除哑弹。

(5) 随动系统及电子箱。随动系统及电子箱实现武器轴线实时跟踪瞄准线，构成武器的发射条件。

(6) 武器火控控制板。就无控武器来讲，武器火控控制板用于武器种类的选择、发射方式选择、目标距离的人工装订、航炮充弹指令的发出等。

(7) 综合外挂管理单元。根据综合火控任务机送来的参数和指令，完成对外挂武器的识别和管理，按时序为武器提供控制信号和点火信号，正确完成无控武器以及导弹的发控，实现直升机对地面和空中目标的攻击任务。

(8) 机上航炮系统电路。机上航炮系统电路用于各部件之间的电气连接。

表 1-2 为国外部分直升机机载航炮/航枪的技术数据。

表 1-2　国外部分直升机机载航炮/航枪数据表

武器型号	口径/mm	炮管数/个	长度/mm	质量/kg	初速/(m/s)	射速/(发/min)
GPMG	7.62	1	1099	10.4	838	750
“米尼冈”	7.62	6	900	15.9	869	6000
“布朗宁”	12.7	1	1676	38.1	893	550
GELAL-50	12.7	3 或 6	1181	30	884	8000
ЯкБ-12.7	12.7	4	—	45	810	5000
KAA	20	1	2627	88	1050	1000
KAD	20	1	2744	68	1040	850
KBA	25	1	3105	112	1100～1136	570
M197	20	3	1830	66.5	1100	1500
M621	20	1	2207	47	1030	740
M242	25	1	2743	107	1100	475
M811	25	1	1875	65	1100	750
GAU-12/U	25	5	2113	122	1100	3600
E Gast	25	2	2210	86.3	1100	2000
XM230E1	30	1	1638	60	805	750

1.2.2　火力控制系统

直升机火力控制系统(helicopter fire control system)是指直升机使用所携带的各种武器(航炮、火箭弹、导弹等)对空中、地面各种运动的或静止的，可见的或不可见的目标进行搜索、识别、跟踪、瞄准和实施各种方式攻击所必需的机载电子设备的总称，简称为直升机火控系统。

1. 火力控制系统的组成

直升机火控系统通常由目标参数探测系统、载机参数测量系统、火控计算机、综合显示控制系统、武器外挂管理系统、数据传输设备和视频记录装置等组成，且随着武装直升机战术需求的提高和科学技术的进步而不断拓宽和发展。

(1)目标参数探测系统主要用于探测目标信息(位置、距离、速度、变化速率等)，主要设备包括各种火控雷达、各种光-电探测设备(电视、激光和红外)、声呐和磁探测设备等。

(2)载机参数测量系统主要测量本机飞行与姿态参数，主要设备有惯性导航装置、航姿系统、大气数据计算机、陀螺组件和各种仪表等。

(3)火控计算机主要用于数据处理，它为一台专用计算机，承担着系统信息综合的任务。

(4)综合显示控制系统主要显示火力控制系统与飞行员的接口界面，主要设备有光学瞄准具、平视显示器、多功能显示器、头盔显示器和雷达显示器等。

(5) 武器外挂管理系统主要对直升机所携带的各种类型的武器、电子战吊舱和光-电探测吊舱等外挂物进行管理。

(6) 数据传输设备用于火力控制系统各部件之间的信息传递，并连接各部件。

(7) 视频记录装置用于记录作战或训练过程中的各种参数。

2. 火力控制系统的发展

纵观世界武装直升机的发展历史，直升机火控系统的发展大致可分为三个阶段。

第一阶段(20 世纪 60 年代以前)：这一阶段是武装直升机的起步阶段，没有专门设计的武装直升机，所谓的武装直升机是在通用直升机上加装航枪、航炮和火箭弹，执行火力支援任务，但没有设计真正的火控系统。典型机种有美国的贝尔-47 和 UH-1、苏联的米-4 和米-8、中国的直-9W 等。

第二阶段(20 世纪 60～80 年代)：这一阶段是武装直升机迅速发展的阶段，一些国家设计制造了专用的武装直升机，装备了航枪、航炮、火箭弹和反坦克导弹等武器，火控系统也从瞄准具发展到了先进的昼夜火控系统，提高了导航、目标搜索识别和昼夜飞行作战能力。典型机种有美国的 AH-1(世界上第一种专用武装直升机)和 AH-64A、意大利的 A-129、苏联的米-28 和卡-50、中国的直-9WA 等。

第三阶段(20 世纪 90 年代)：这一阶段是武装直升机全面发展的阶段，直升机上汇集了当今世界上最先进的技术。武装直升机具备了空战能力，可通过选择不同的武器搭配执行各种任务；实现了信息显示和光电设备高度集成化、模块化、功能综合化；正在发展驾驶舱智能化，以便能大大改善人机界面，减轻飞行员负担，使飞行员有更多的时间来关注外界情况。典型机种有美国的 AH-64D 和 RAH-66、法德联合研制的“虎”、俄罗斯的米-28D 和卡-52、中国的直-X 等。世界各国武装直升机的发展表明，其火控系统的发展趋势是：

(1) 控制多种武器，具备对空和对地作战能力；

(2) 具备夜视夜瞄功能，扩展系统的使用时限；

(3) 采用多种显示和综合控制技术，提高人机工效；

(4) 多传感器综合，提高系统作战效能；

(5) 实现信息化、智能化、自动化，提高自动化搜索、识别和攻击能力，减轻飞行员负担。

3. 直升机火力控制原理

直升机火力控制的基本工作原理是：直升机火控系统和地面指挥系统、导航系统协同工作，将载机引导至目标空域，使直升机目标探测跟踪设备截获目标；由目标参数测量装置和载机参数测量装置，测定目标、载机相对位置、运动参数以及环境条件，连同预设的武器弹道参数一并送入火力控制计算机，根据确定的攻击方式及瞄准原理进行火力控制计算；将所得瞄准信息和操纵控制信息在瞄准显示装置上显示给飞行员，同时向武器外挂管理系统、武器投射控制装置发出指令，使武器处于瞄准目标状态；待满足投射条件时，由飞行员人工或由武器投射控制装置自动地发出投射信息，将武器弹丸投射出去；对某些制导武器进行制导，直至命中目标。

直升机火力控制原理通常称为瞄准原理，是分析研究从载机上投射武器攻击目标的控制规律、瞄准原理、瞄准方法的专门理论。随着载机、武器的战术技术性能的提高和攻击方式方法的发展，该理论也获得了发展，它是直升机火力控制系统原理论证、结构设计、制造工艺、检验测试、效能评定、维护使用的理论基础。其内容包括：

(1)分析载机使用不同武器、以不同攻击方式攻击不同目标过程中，载机、武器、目标的相对位置和运动特性，建立起描述攻击运动的数学模型，导出瞄准原理方程；

(2)选取正确的解法，代入具体攻击条件，进行火力控制计算，确定达到瞄准状态的瞄准修正量和操纵控制信息；

(3)掌握火力控制规律，确定正确的瞄准方法。

4. 直升机火控系统的基本功能

武装直升机的主要任务是作战，而作战的过程包括飞临战区、搜索识别目标和对敌攻击。因此，一套完整的武装直升机火控系统必须具备引导飞行、搜索和识别目标、攻击目标等几个方面的主要功能。

1)引导飞行

武装直升机作战的第一步就是飞临战区。没有引导直升机飞向战区的火控系统是不完善的系统，因此直升机火控系统应具有引导直升机飞向战区的功能。飞行阶段，火控系统可以将导航信息和夜间飞行时的夜视图像提供给平显、头盔显示器和下视显示器显示，飞行员可以根据显示内容操纵直升机进行飞行，占据有利进攻位置。

2)搜索和识别目标

武装直升机作战的第二步就是找到并确认要攻击的目标，即搜索和识别目标。搜索和识别目标是直升机作战中的一个重要环节，如果不能搜索并识别目标，攻击就无从谈起。因此，世界各国在火控系统设计时，均对目标搜索和识别装置给予了大力的投入。头盔瞄准/显示系统、前视红外搜索和目标探测系统几乎是世界各国武装直升机上的必备目标搜索和识别系统。除此以外，一些国家还花大代价在武装直升机上安装了用于搜索、识别和跟踪的火控雷达。美国 AH-64D 直升机在 AH-64A 头盔瞄准/显示系统和夜视系统的基础上增加了火控雷达，以完成直升机对空中和地面目标的搜索和定位；俄罗斯卡-52 也在卡-50 的基础上增加了可用于侦察、搜索目标的火控雷达。搜索阶段，火控系统可以控制目标搜索设备进行战场搜索，并对搜索到的目标进行识别，以便决定下一步的攻击目标。

3) 攻击目标

武装直升机作战的最终目的就是攻击目标。攻击阶段，通过火控系统，飞行员可以完成多种任务的执行和多种武器的控制发射。

(1) 对地面目标瞄准攻击。

武装直升机对地攻击的主要任务是反坦克和装甲车。现代和未来战争中，地面战场上出现最多的目标已不再是暴露在外面的人员，而是大量的坦克和装甲车。因此，有效地杀伤地面坦克和装甲车辆成了现代和未来地面战争中的关键。直升机反坦克具有隐蔽性好、反应迅速、突袭能力强、机动性高、攻击距离远等优点，因此，世界各国武装直升机都携带反坦克导弹。直升机反坦克导弹有多种类型，包括有线指令制导导弹、无线指令制导导弹、激光驾束导弹、激光半主动制导导弹、电视制导导弹和红外成像制导导弹等，不同的直升机根据不同情况挂载不同的反坦克导弹，也配备不同类型的火控系统。

武装直升机的另一个任务是使用航枪、航炮和火箭弹等武器进行火力支援。因此，直升机也配备能够控制这些武器的火控系统完成航枪、航炮和火箭弹等的瞄准和射击。

武装直升机火控系统在攻击阶段的主要功能就是根据飞行员的操作控制反坦克导弹攻击地面装甲目标，或者控制航枪、航炮和火箭弹等武器进行对地火力支援。

控制反坦克导弹攻击主要由火控系统中的昼夜观瞄装置完成。由前视红外、电视和激光组成的昼夜观瞄装置一般具有大、中、小多个视场，对探测和截获远程目标相对有效。火控系统的设计可保证该装置很方便地随动于头盔显示器，驱动导弹导引头和炮塔，构成高效的综合火控系统。相对于反坦克导弹而言，航枪、航炮和火箭弹等是比较难以控制的一类武器，这类武器发射后处于无控状态，因此要求火控系统提供精确的初始发射条件，以便能够准确地完成攻击任务。

(2) 对空中目标瞄准攻击。

未来战争中，武装直升机间的空中对抗是必然的，因此直升机空战受到了世界各国的极大关注。美国投入了大量的人力和物力研制具有空战能力的 AH-64D 和 RAH-66 武装直升机，其在直升机空战战术、空战火控系统、传感器综合等方面进行了大量的研究，对空中目标探测、识别、跟踪和攻击技术的研究已达到了相当高的水平。俄罗斯、法国、德国也都正在研制空战型直升机。

直升机空战火控系统的第一要求是保证先敌发现目标，这样就可使自己能够机动到有利位置，并先敌开火击落目标。火控系统还有一个非常重要的任务就是识别和锁定目标。空战中，时间非常宝贵，火控系统的搜索/识别/跟踪设备锁定目标几乎与目标识别同时进行。为保证同时完成识别和锁定目标，采用头盔瞄准/显示系统驱动探测器无疑是最有效的。最具攻击性的是飞行员使用灵活的头盔瞄准/显示系统对空空导弹和炮塔进行随动控制和发射，这一点无论怎样强调也不会过分。

要想在空战中取胜，除了飞行员需要在作战时高水平发挥外，火控系统设计必须要考虑性能先进、使用方便、操作简单明了、显示器显示内容易读、传感器综合程度高、火控误差小、适应直升机的高机动能力。

1.3　武装直升机的作战运用

武装直升机独特的飞行原理、机体结构、操纵系统和强大的武器挂载能力，使其具有独特的性能：一是飞行速度较大，最大时速可超过 300km；二是反应灵活，机动性好；三是能贴地飞行，隐蔽性好，生存力强；四是机载武器的杀伤威力大。

在现代战争中，武装直升机主要可遂行以下任务。

(1)攻击坦克及装甲目标。

武装直升机是一种非常有效的反坦克和装甲目标的武器。武装直升机攻击的此类目标主要包括：各种主战坦克及其他用途的坦克；各种装甲车辆(包括步兵战车、装甲输送车、侦察指挥车)；具有装甲保护的自行压制兵器和自行反坦克兵器等。在现代战争中坦克仍然是陆军作战的主要装备之一。据统计，现代战场上软、硬目标的比例大致为硬目标(坦克)占 30%，半硬目标(各种装甲车辆和具有装甲保护的兵器)占 40%，软目标(无装甲保护的技术兵器及有生力量)仅占 30%。这样便使反坦克、反装甲成了地面战斗的主要内容，极大地影响地面战斗的胜败。

世界各国都把武装直升机列为反坦克火力配系的要素之一。在近、中、远距离的反坦克火力配系中，武装直升机主要承担 4km 以外的远程攻击任务；其作战半径一般为 100km，可在远离前沿的纵深地带进行反坦克及装甲目标战斗。国外进行的模拟对抗试验表明，坦克与直升机对抗的击毁概率为 12∶1～19∶1。近几十年的多次现代局部战争(包括越南战争、中东战争、两伊战争和海湾战争等)中，武装直升机反坦克作战战果累累，充分证明了武装直升机是反坦克和反装甲目标最有效的装备之一。

(2) 实施近距离火力支援。

在现代合成作战中，武装直升机可利用携带的多种武器，对地面部队作战实施有效的近距离火力支援，攻击地面敌方有生力量、防御工事和阵地、各种武器装备和军事设施，直接支援己方部队夺取战斗胜利。

20 世纪 50 年代法军在阿尔及利亚战场上，初步显露了武装直升机的近距离火力支援能力。50～70 年代越南战争中，美军大量使用直升机，除了用于运输及其他战斗勤务之外，广泛用于对地面部队的直接火力支援；专门研制的“眼镜蛇”武装直升机及装有武器的“依洛魁”多用途直升机成功地用于攻击各种地面目标，压制对方火力。80 年代长达 10 年的阿富汗战争中，苏军大量使用了米-24 直升机，给对方造成很大威胁。英阿马岛战争中，英国出动了近百架武装直升机，有效地支援了登陆作战。90 年代初的海湾战争中，美军的“阿帕奇”直升机首先揭开了“沙漠风暴”的序幕，利用夜间突袭摧毁了伊拉克边境上的雷达站，为空袭巴格达开辟了“黑色安全走廊”，并在作战的全过程中始终紧密配合地面部队行动，以近距离火力支援给伊军以毁灭性打击，对地面作战的进程和结局产生了重大影响。近几十年多次大小规模的局部战争实践表明，武装直升机出色的近距离火力支援能力，在夺取战争胜利中起着非常重要的作用。

(3) 为机降、运输和战勤直升机提供安全护卫。

武装直升机的重要使命之一，就是对己方的运输直升机和其他各种战勤直升机实施空中掩护，以对付来自空中和地面对己方运输和战勤直升机构成的威胁，使其顺利遂行任务。

现代立体战场错综复杂，敌我边界犬牙交错、模糊不清，空地敌情瞬息万变，深入战区甚至纵深，执行机动运输、侦察、通信联络、指挥、校射、电子对抗和救护等不同任务的各类直升机，完成任务的重要前提就是武装直升机的保护。对进入战区执行任务的其他直升机来说，来自空中的威胁主要是敌方飞机或直升机的攻击，来自地面的威胁主要是地空导弹、高炮、高射机枪和其他武器的攻击。用固定翼战斗机护航，因其与直升机速度、高度差太大，往往难以直接协同和配合行动。而用武装直升机来对付敌方武装直升机和低空作战的低速飞机(如强击机)是较合理的选择。担任护航任务的武装直升机，不但能够伴随被掩护的直升机编队共同行动，而且具有较强的与敌低空飞机、宣升机作战的能力。这不但可对敌方地面武器实施攻击，予以先行摧毁或进行火力压制，而且可与敌直升机、低空飞机格斗，消灭对己方直升机编队造成威胁的目标。

以战场侦察为例，美军在空地一体战中，要求纵深侦察，军级达 300km，师级达 150km，旅级达 70km，以全面搜集战区及其附近敌情。侦察任务由包括直升机在内的特遣分队来完成。侦察直升机在军属战斗航空旅中占有较大比例，而这些直升机在进行侦察，特别是纵深侦察时，都明确规定由武装直升机作护卫。以纵深机降部队突袭为例，在海湾战争的“沙漠军刀”行动中，美军第18军一次出动以运输直升机为主的300多架直升机，进行了被称为军事史上直升机最大规模的作战行动，而在前面开路、护航的就是AH-64武装直升机。

(4)争夺超低空制空权。现代立体战场上，各类直升机及低速飞机在超低空频繁活动，使超低空空域成为新的战场，作战双方围绕超低空制空权而展开激烈斗争。飞行在“树梢高度”，具有很强火力而又灵活机动的武装直升机，对地面部队构成的威胁很大，各国的军事专家都在研究对付它的办法。在地面武器方面，研制了小型地空导弹、多管自行高炮、反直升机地雷等多种武器。但实战表明，由于武装直升机的战术飞行特点，对付敌方武装直升机最有效的武器还是己方的武装直升机。攻击敌方超低空飞行的武装直升机、强击机和其他具有作战能力的飞行物，夺取超低空(一般为150m以下)制空权，是现代武装直升机的又一重要使命。

实际上在几次规模较大的局部战争中，由于作战双方都大量使用直升机，狭路相逢，直升机之间短兵相接的空战随时可能发生。20世纪80年代的两伊、中东等战争中就发生过多次武装直升机之间或直升机与固定翼作战飞机之间的空战：1983年9月4日，两伊战争中，在伊拉克巴斯拉港前线，一架伊拉克的米-24D直升机执行巡航任务时，与伊朗陆军的一架AH-1J武装直升机相遇，米-24D直升机反应迅速，动作灵活，紧急跃升，抢占有利的攻击位置，以口径为12.7mm的机枪先敌开火，击落了AH-1J直升机。这些战史都说明争夺超低空制空权是现代战场上武装直升机责无旁贷的重任。

此外，武装直升机还可遂行侦察、空中指挥、电子战和其他作战任务，因而有人称之为“战场上的多面手”。在未来的高技术战争中，武装直升机将会发挥日益重要的作用。

第 2 章　作战效能仿真与评估基础

武装直升机是一个复杂的武器系统，适合在低空环境中作战，仿真是分析评估武装直升机作战效能的重要手段。本章在阐明建模与仿真的基本原理和有关概念的基础上，分析系统、仿真与评估的关系，说明武器装备作战效能仿真评估的过程，为分析与评估武装直升机的作战效能奠定基础。

2.1　建模与仿真的基本原理和有关概念

建模与仿真是建立系统、环境、过程或现象的模型(物理模型、数学模型或其他逻辑模型)，按时间实现一个模型，用于系统测试、分析和人员训练的方法。系统可以是真实系统或由模型实现的真实/概念系统。

建模与仿真研究的基本原理可概述为：分析和抽象真实世界中实际系统的结构、特点和规律，建立起真实系统的模型；在仿真平台上使模型随着时间展开，形成一个与真实世界相对应的仿真世界；观察和分析仿真世界中的现象和规律，并将其与真实世界的情况相比较，根据相似理论探索真实世界中实际系统的规律性。从认识论角度，仿真研究可分为三大部分和两个过程：三大部分是指真实世界、模型和仿真世界，两个过程是指建模过程和仿真过程。图 2-1 描述了仿真研究的基本原理和组成。

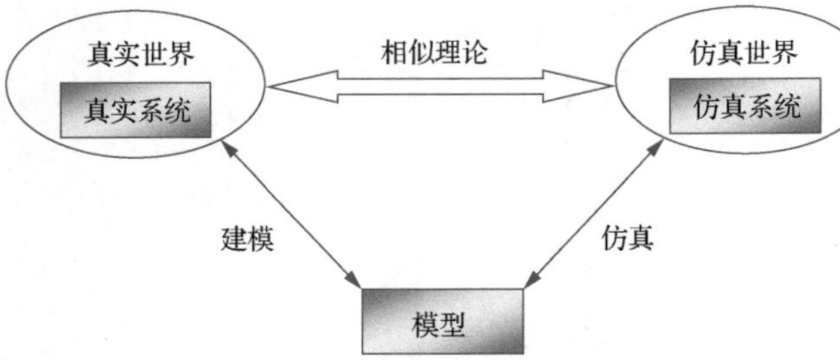

图 2-1　仿真研究的基本原理和组成

真实世界是仿真技术力图去复现的一组真实或假想的原因和结果；在军事应用中，同义于包含空战、陆战和海战的真实战场。真实系统是被建模的对象，是我们所关注的真实世界的某个部分，具有一定的行为规律，由相互联系、相互作用的对象有机组成。模型是系统、实体、现象或过程的物理的、数学的或其他逻辑表现形式。仿真世界是指模型随着时间展开时所形成的与真实世界相对应的系统、实体、现象或过程的总和。仿真系统是由计算机模型、物理模型、真实系统按某类系统总需求构成的用于系统测试、试验和人员训练的工作平台。

在仿真研究中，模型是连接真实世界和仿真世界的桥梁，对仿真系统开发的成败起着至关重要的作用。模型对真实系统的描述可分为 4 个层次：观测框架层、输入/输出层、状态层和结构层(表 2-1)，各层次的描述具有内在一致性。

表 2-1　模型对真实系统描述的层次

层次	名称	描述内容
1	观测框架层	输入信号集，带时序地输出信号集
2	输入/输出层	带时序地输入/输出数据对集合，包含系统的初始状态信息
3	状态层	状态与输入之间的关系；状态与输出之间的关系；初始状态信息
4	结构层	部件以及各部件之间的耦合关系；对于具有多层结构的系统来讲，部件可在较低的一层定义或它本身就是一个结构系统

在建模过程中，系统的模型具有以下性质：

(1)相似性。相似性是建模的理论基础之一，模型和真实系统之间应该具有相似的特性和变化规律。这里的相似主要是指所研究对象本质上的相似。为不同目的而建立的模型对相似性的要求不同。

(2)抽象性。建模时总要忽略一些次要的因素。任何模型都是对真实系统的抽象，只是建模的目的和要求不同，对真实系统抽象的程度也不同。

(3)多面性。任何模型都不可能也没必要面面俱到地描述一个系统。由于建模的目的不同，对实际系统的关注点也不同，可以建立一个系统的不同层次、不同侧面的模型。

对复杂系统建模时要抓住问题的本质和主要矛盾，忽略一些非关键性因素，避免引入结构误差；同时要结合模型描述的层次和特点，选择合理的表示形式，使建立的模型准确高效。

2.2　系统、仿真与评估的关系

仿真研究包括四个方面：系统、仿真、评估和应用；四者环环相扣，形成有机的整体。“系统”既可指真实系统，也可指仿真系统，需参考特定的问题背景而定。真实系统是仿真研究的对象和出发点，其功能、结构和应用目的是建立仿真系统的依据；仿真系统是指由数据、模型和环境组成的综合实验平台，是仿真研究的工具。“仿真”是模型随着时间的展开，使仿真运行过程与实际系统运行过程相对应。

通过多次仿真运行试验，将仿真世界中得到的数据进行统计分析和比较，并结合真实系统与仿真系统的数据、环境进行分析，探索真实世界的客观规律性。最后将仿真研究中所获得的数据与结论和评估结果一起，服务于真实系统的研制、开发和应用。图 2-2 说明了系统、仿真与评估的关系。

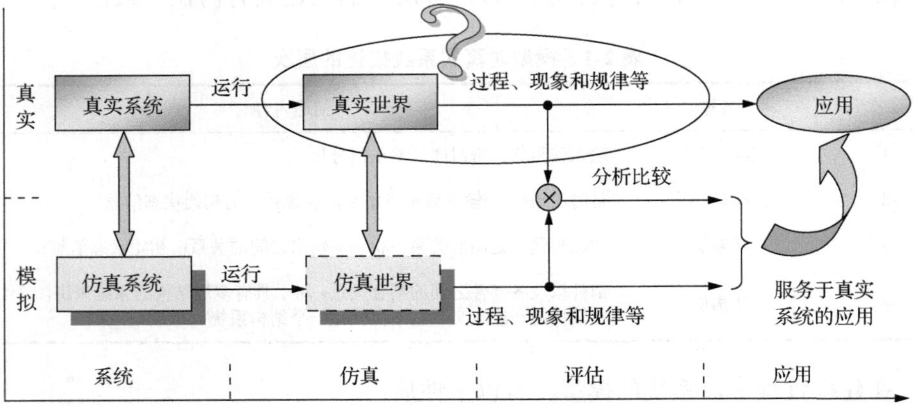

图 2-2　系统、仿真与评估的关系

从图 2-2 中可以看出，评估建立在系统与仿真的基础上，并直接服务于应用目的，是仿真研究中必不可少的环节。评估中要关联两大类数据和环境，即真实的数据与环境和模拟的数据与环境，同时还要面向应用目的。

概括地讲，建模与仿真评估研究中要综合考虑数据、模型、环境和仿真结果等方面的因素，科学组织仿真评估的过程，合理选择与分配评估的方法并积极研究和探索新的方法，充分重视仿真评估软件的开发与应用。

2.3　武器系统作战效能仿真与评估过程

分析武器系统作战效能时，必须考虑武器系统的作战过程和作战环境；作战过程除了需要确保武器系统自身的操作系统使用过程正确外，还必须正确描述武器系统的攻防对抗过程。利用仿真方法建立反映武器系统作战过程的模型，模型中将作战过程中使用的对抗手段和作战环境变化作为影响因素，通过计算分析在不同作战条件下武器系统的效能。

武器系统作战效能仿真模型需要描述武器装备的攻防对抗过程，其输入包括作战想定、装备数据、环境数据、战术规则等；模型输出按照建模目的，输出用于作战效能评估的仿真结果数据，包括效能评估、性能评估等所需数据。武器系统作战效能仿真模型的简化表示如图 2-3 所示。系统是可以分解的，武器系统的某个行为可以分解为若干分系统行为的组合，针对分系统的行为可以将模型细化；模型的细化对应着算法的细化，算法细化后将影响仿真计算的时间和精度，因此模型不能无限细化。

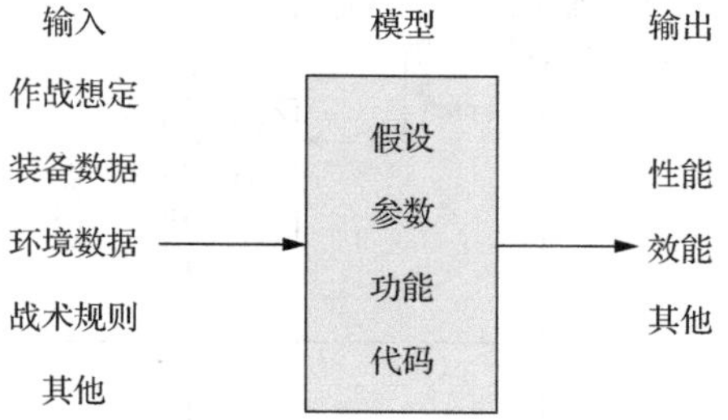

图 2-3 武器系统作战效能仿真模型的简化表示

利用武器系统作战效能仿真模型，可以构造一个虚拟的武器系统攻防对抗作战环境；在虚拟的作战环境下对各类武器系统进行定量的描述。通过设定作战想定和作战过程评价武器系统的实际作战效能。根据作战效能仿真的需要，作战效能仿真系统主要应具备以下能力：

(1) 武器装备建模和集成，能将不同武器系统的模型按照攻防对抗的特点进行建模和集成，为仿真试验提供良好的模型基础。

(2) 基于作战任务的想定编辑。作战效能仿真系统需要在对抗环境下检验武器装备的作战效果，需要特定的想定为模型提供作战环境、作战任务和指挥控制等方面的约束条件。应基于相关的装备模型，在作战平台、作战系统、部件子系统、自然环境等通用模型的基础上，指定某次作战任务中的战场环境、作战平台部署、武器系统配备、武器系统使用的战术原则等作战想定内容，形成特定的想定编辑环境。

(3) 仿真运行控制。支持仿真想定的调度执行，支持装备模型的仿真运行，提供启动、暂停、继续和结束等仿真运行控制，支持已有模型的集成与运行，支持仿真结果数据的存储和管理。

(4) 仿真结果分析与评估。提供针对仿真数据的分析方法，进行直接的仿真结果分析计算；采用预设的效能评估指标综合计算模型，分析计算武器系统的综合效能评估指标。

武器系统作战效能评估研究的过程可分为分析评估指标、建立评估模型、确定评估方法和评估实施与结果分析四个步骤，其 IDEF0 模型如图 2-4 所示。

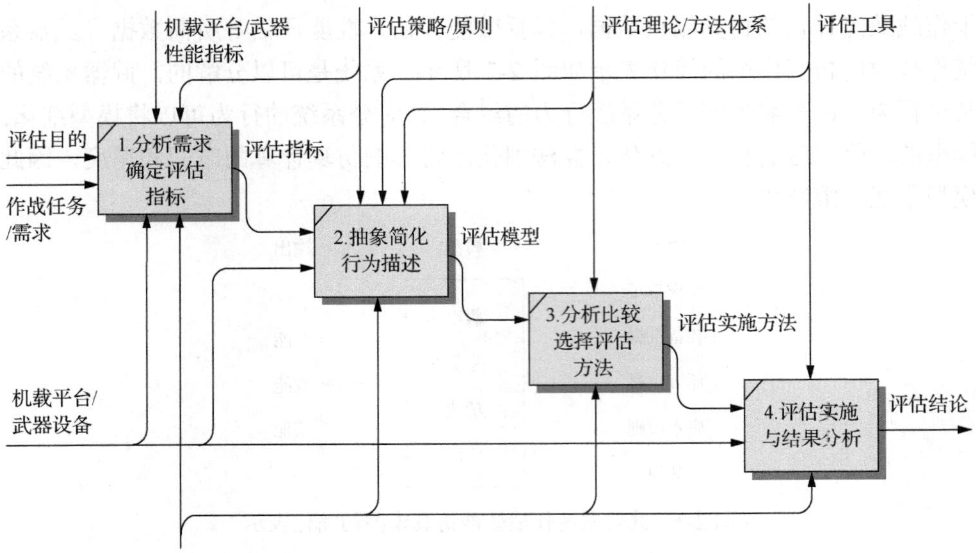

图 2-4　武器系统作战效能评估过程的 IDEF0 模型

2.4　武装直升机作战效能仿真与评估过程

作为陆军的主战装备，武装直升机尽管参战历史不算很长，但由于具有突防能力强、机动性和隐蔽性好、杀伤力大和生存力高等特点，在军事领域获得了广泛应用；武装直升机在海湾战争以后更是身价倍增，已成为现代战争中“一种令人望而生畏，必不可少的武器”。当今世界军事强国，如美国、德国、法国、英国和俄罗斯等都将发展武装直升机作为军事重点之一，相继研制了 AH-1“眼镜蛇”、AH-64“阿帕奇”、RAH-66“科曼奇”、“虎式”、卡-50、卡-52 等武装直升机。我国也陆续研制装备了两个型号的专用武装直升机。

武装直升机可根据作战任务组合配挂多种武器，如空地导弹、空空导弹、火箭弹、航炮等。作为陆军航空兵的主战作战机种，可在独立作战、联合作战中遂行空中打击、战术支援等任务，主要用于昼/夜间攻击敌方装甲目标及敌方其他地(海)面重要目标。武装直升机作战效能仿真评估研究的范围非常广泛：

(1) 从建模角度，涵盖直升机平台的运动模型、机载武器的弹道模型、武器投射精度分析、机载武器弹药威力评估、攻击目标的毁伤特性分析等。

(2) 从仿真角度，需基于仿真开发目标和仿真运行平台，对各类模型进行外部接口设计和内部功能开发，在确保仿真系统互联和互操作的同时，实现武装直升机作战效能仿真系统应具备的功能。仿真技术发展到今天，可供我们选用的技术标准和仿真平台有很多，如 DIS、HLA、SIM2000、CISE 等。

分析武装直升机的作战使用效能时，要综合考虑机载平台及武器设备的战技性能、使命任务情况和人员、环境等因素的影响，实施过程受到一些理论、方法与工具的制约。采用仿真分析评估武装直升机的作战效能时，建立武器系统的作战模型、开发作战效能仿真系统是项目研究的核心。结合武器系统作战效能评估过程的 IDEF0 模型，武装直升机攻击地面典型目标作战效能评估研究分为以下几个步骤进行：

(1) 根据武装直升机及其武器装备的组成结构、战技指标、作战过程和地面目标的毁伤特性，将影响直升机作战效能的因素进行分解，建立武装直升机攻击地面典型目标的作战效能指标体系。

(2) 对武装直升机平台及武器系统建模，建立武装直升机的武器装备模型和作战行为模型，并对其进行形式化描述。

(3) 对武装直升机作战时的典型目标(坦克、指挥所、雷达站、低空飞行器等)的毁伤特性进行分析，建立不同战斗部作用下的目标毁伤模型。

(4) 基于 HLA 仿真技术标准，设计开发作战效能评估仿真系统，具体开发过程包括：①针对评估需求，设计仿真系统；②开发联邦对象模型；③生成仿真对象模型；④生成仿真成员框架；⑤开发仿真成员；⑥集成调试仿真系统。

(5) 根据评估需求，开发试验想定，多次重复运行仿真系统，开展仿真试验。

(6) 记录试验数据，进行统计分析和评估，得出试验结果。

第3章　武装直升机作战效能评估指标体系

武器系统作战效能的发挥受到多方面因素的影响，如武器系统的单项性能、武器系统的综合效能、武器运用环境和武器攻击对象等。为了分析评价武器系统的作战效能，必须在深入理解武器系统作战效能的含义和全面分析影响武器系统作战效能因素的基础上，制定科学合理的作战效能评估指标体系。

本章在阐明武装直升机作战效能评估概念的基础上，讨论制定效能评估指标的原则和一般方法；结合武装直升机的装备构成和作战过程，分析影响直升机作战效能的因素，建立武装直升机作战效能评估指标体系，并说明效能评估指标的描述和表示方法，为分析武装直升机的作战效能提供依据。

3.1　武器装备效能的基本概念

关于效能有多种解释，最基本的解释为“达到系统目标的程度”或“系统期望达到一组具体任务要求的程度”。军事领域研究的效能主要有“作战行动效能”和“武器装备效能”。作战行动效能是指执行作战行动和任务时所能达到的预期可能目标的程度；武器装备效能是指在特定条件下，武器装备系统被用来执行规定任务所能达到预期可能目标的程度。由此可见，武器装备效能和作战行动效能具有内在一致性：作战行动的实施通常需要借助某些武器装备，武器装备效能的发挥离不开一系列的作战行动；只是评价的侧重点不一样，在评估实施中输入的参数不一样。

现代化武器装备的内部结构通常比较复杂，在分析评价武器装备系统的效能时，可分为三个层次：

(1) 单项效能，指运用武器系统时，针对单一使用目标(作战行动)其功能所能达到的程度，如武器系统的操纵能力、探测能力、射击效能等。

(2) 系统效能，又称综合效能，是指武器装备系统在一定的条件下，满足一组特定任务要求的程度，是对武器装备系统效能的综合评价。

(3) 作战效能，是指在规定的作战使用环境中和一定的战略、战术、威胁等条件下，由有代表性的人员使用该装备完成规定任务的能力。执行作战任务时应覆盖武器装备系统在实际作战中有可能承担的各种主要作战任务，涉及整个作战过程。因此，作战效能是武器装备系统的最终效能和根本质量特征，评价武器装备的作战效能是项非常复杂的工作。

为了分析、评价武器装备和行动方案的优劣，必须采用某种定量尺度度量武器系统或作战行动的效能，这种定量尺度就是效能指标。通俗地讲，武器装备的效能(评估)指标就是武器系统完成给定任务目标所达到程度的度量。它可以用完成一个任务剖面的概率表示，也可以用与任务目标有关的期望值表示。

由于军事任务的复杂性和作战任务要求的多样性，武器装备效能的评估不可能用单个明确定义的效能指标来表示，而需要用一组效能指标来刻画；这些效能指标分别表示武器系统功能的各个重要属性(如机动性、命中率、毁伤能力)和作战行动的多重目的(如对敌毁伤数、推进距离等)。为了全面分析评价武器装备的效能而建立的具有系统性、针对性、完备性和独立性特点的一组效能指标，称为武器装备的效能评估指标体系，简称为效能指标体系。

3.2　武器系统效能评估指标体系的建立方法

由于效能概念的复杂性，效能指标的描述不像物理量的度量描述那样直接，定义效能指标时要考虑效能指标随机性、多尺度、不确定性和局限性等特点。武器系统自身结构复杂，而且其效能的发挥受人员、环境、作战对象等多方面因素的影响。在分析武器系统的效能评估指标时，应该把握以下原则：

(1)系统性。评价指标体系应抓住主要因素，全面反映被评价对象的综合情况。

(2)简明性。在基本满足效能评估要求和给出决策所需信息的前提下，应尽量减少指标个数，突出主要指标，以免造成指标体系过于庞大，给后续的评估工作造成困难。

(3)针对性。效能评估指标要面向任务，对于不同的任务应采用不同的评估指标。

(4)客观性。评估指标的含义应尽量明确，指标值应能够通过数学计算、仪器测试或试验统计等方法获得，易于定量分析，具备可操作性。

(5)独立性。所选择的指标应尽可能地相互独立，指标之间应尽量减少交叉和相互包含。

在建立武器系统的效能评估指标体系时，通常采用自顶向下逐步细化的方法，在动态过程中反复推敲、综合平衡。有些指标可能要分解，有些指标可能要综合或删除；随着时间和任务的变化，有些指标还要视具体情况进行相应的变化。确定指标体系的途径主要有以下三种：

(1)一般方法。先由专门的小组拟定草案，然后广泛地征询相关专家、用户和上级领导的意见，经反复修改而定。

(2) 自顶向下法。自顶向下确定指标的过程是一个动态往复、需要不断完善的过程，如图 3-1 所示。

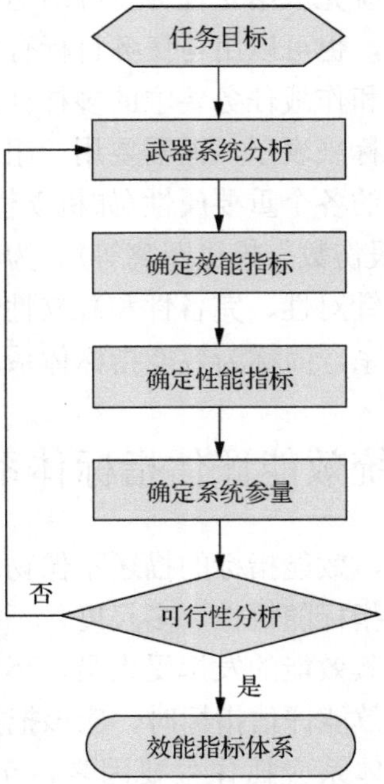

图 3-1　自顶向下法确定指标体系的流程

(3) 自适应渐进法。首先由系统分析和评价人员制订指标草案，再请子系统设计者、使用单位专家提出修改意见，然后请有关部门提出任务要求或假设，在收集整理有关指标的基础上建立评价模型(包括指标体系的层次结构)，在对系统进行评价的基础上提出改进意见，参照过去的战例或试验进行比较后，再反复修改，最后确定指标体系结构。

需要说明的是：以上三种方法都存在一个动态反复、逐步完善的过程，而且一般方法和自适应渐进法中都需要制订指标草案，制订指标草案的过程也是一个自顶向下的过程。

3.3　武装直升机作战效能评估指标体系构建

影响武装直升机作战效能的因素很多，包括武器装备的战技指标、飞行员/射手的作战能力、作战对象的特性和防护水平，以及地形、地貌、战场环境等。我国自行研制的专用武装直升机作为陆航部队的新三型机，全机从装备构成角度划分为机械(直升机平台)、航电和军械(武器系统)三大专业系统，各系统的效能指标之间存在着相互制约、相互交联的关系。评价武装直升机的作战效能时，需要综合考虑全任务装备、全作战过程。

3.3.1　武装直升机的作战过程与效能分析

武装直升机的作战过程主要分为三个阶段：①平台机动阶段，指直升机领受任务后向任务区飞行的阶段；②任务处理阶段，指直升机到达任务区后利用任务设备实施侦察、搜索及识别目标、跟踪和射击瞄准的阶段；③武器攻击阶段，指瞄准目标、形成发射条件后的发射武器，向目标飞行和战斗部引爆，毁伤任务目标的阶段。武装直升机攻击任务目标的主要行动和实施过程如图 3-2 所示。

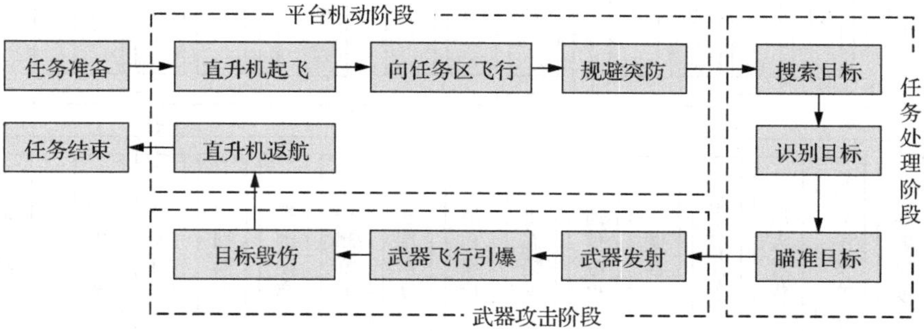

图 3-2　武装直升机的作战过程

武装直升机的效能是直升机平台、任务设备和武器系统效能的综合，体现在武装直升机作战的全过程：

(1) 平台机动阶段，武装直升机的效能主要是直升机平台的飞行速度、过载能力、航程和机动规避能力等；

(2) 任务处理阶段，武装直升机的效能体现在各类任务设备(如搜索瞄准指示系统、火控系统、导航系统、综合任务处理系统)的使用效能上，如探测距离、识别概率、导航精度等；

(3) 武器攻击阶段，武装直升机的效能与武器的类型、型号和战斗部的作战方式有关，主要评价指标有武器发射能力、作战距离、命中率、毁伤能力等。

3.3.2　武装直升机作战效能评估指标体系的结构

根据武装直升机作战效能指标的层次性特点和对效能评估指标“五性”(即系统性、简明性、针对性、客观性和独立性)的原则性要求，可制定武装直升机作战效能评估指标体系，如图 3-3 所示。

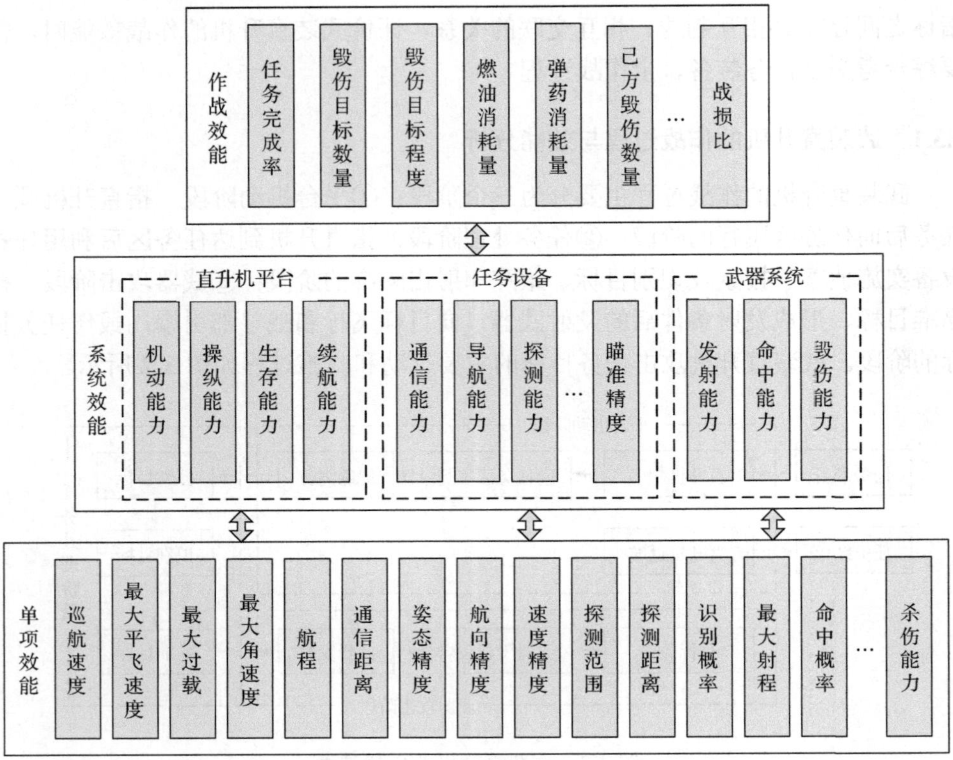

图 3-3　武装直升机作战效能评估指标体系

(1)该体系结构中的指标可进一步细分为多项指标。以直升机平台类指标中的机动性(用 B 表示)为例，该指标通常由五项指标组成：最大速度 $V_{\max}$ 、动升限 H_{d} 、最大正过载 $N_{y\max}$ 、最小负过载 $N_{y\min}$ 、最大爬升速率 $V_{y\max}$ ，机动性指标计算式为

$$B = V_{\max} / 300 + H_{\mathrm{d}} / 5000 + (N_{y\max} - N_{y\min}) / 4 + V_{y\max} / 10 \tag{3-1}$$

(2)每一项指标根据作战任务不同，可以有多种定义方法。以瞄准精度和命中能力为例，有偏离目标中心点的距离和偏离“武器-目标”中心线的角度两种。以毁伤能力为例，对于有生力量，通常用伤亡数量和伤亡率表示；对于装甲目标，通常用毁伤程度、毁伤数目表示；对于指挥所、机场等目标，则用摧毁面积、毁伤比例描述。

(3)武器系统的毁伤能力既与作战目标息息相关，也与武器使用方式密切相关。在分析作战效能时需根据地面目标的种类和特点分情况考虑，并对比不同武器攻击模式下产生的毁伤效果。

(4)指标体系中的效能指标既具有独立性又相互关联，武器系统的总效能是战场环境和战术技术条件下各项效能指标的综合。

武装直升机装备构成与效能指标之间的映射关系如图 3-4 所示。

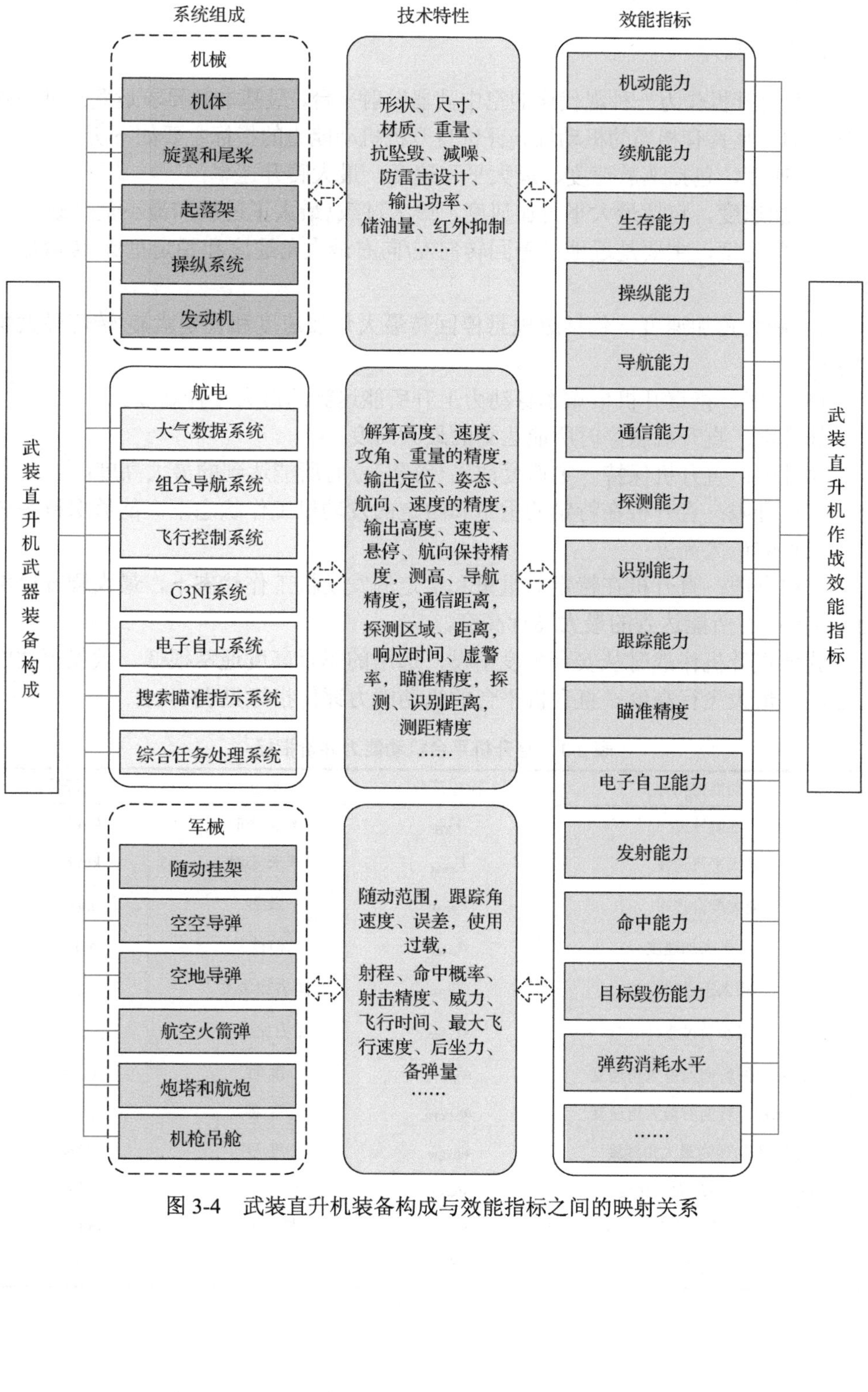

图 3-4　武装直升机装备构成与效能指标之间的映射关系

3.3.3 武装直升机作战效能评估指标的描述和表示方法

1. 机动能力

武装直升机作为一种现代化的空中武器发射平台，最基本的要求是直升机必须是稳定的，且具有相当的机动性。评价直升机机动能力的指标主要如下所示。

(1)速度，包括巡航速度、最大平飞速度、最大爬升速率；

(2)加速度，包括最大平飞加速度、最大过载(最大正过载和最小负过载)；

(3)角速度，主要是近地悬停回转向左/向右最大角速度和稳定盘旋/转弯最大角速度；

(4)最大角加速度，包括近地悬停回转最大角加速度和稳定盘旋/转弯最大角加速度。

(5)升限，指直升机依靠本身动力上升所能达到的最大飞行高度。

静升限：直升机悬停时所能达到的最大高度；

动升限：直升机保持一定速度前飞(斜爬升)时所能达到的最大高度；

理论升限：直升机在特定的重量和给定的发动机工作状态下，能够保持等速直线飞行的最大高度；

实用升限：直升机在特定的重量和给定的发动机工作状态下，最大爬升速率为 0.55m/s 时所能达到的最大飞行高度。

武装直升机作战时从安全角度出发，选用的飞行高度通常很低，效能评估中关心的是最大飞行高度。直升机平台的机动能力评价指标见表 3-1。

表 3-1 直升机平台机动能力评价指标

机动能力指标	指标符号	单位	单位符号
巡航速度	V_{XH}	千米/小时	km/h
最大平飞速度	V_{xmax}	千米/小时	km/h
最大爬升速率	V_{ymax}	米/秒	m/s
最大平飞加速度	a_{xmax}	米/秒 ^{2}	m/s^2
最大正过载	N_{ymax}	重力加速度	g
最小负过载	N_{ymin}	重力加速度	g
近地悬停回转向左最大角速度	ω_{MXTL}	度/秒	(°)/s
近地悬停回转向右最大角速度	ω_{MXTR}	度/秒	(°)/s
稳定盘旋/转弯最大角速度	ω_{MZW}	度/秒	(°)/s
近地悬停回转最大角加速度	a_{MXT}	弧度/秒 ^{2}	rad/s^2
稳定盘旋/转弯最大角加速度	a_{MZW}	弧度/秒 ^{2}	rad/s^2
最大飞行高度	H_{max}	米	m

2. 续航能力

续航能力是指飞行器在空中持续飞行的能力。持久的续航能力是直升机完成各种飞行动作和调整飞行状态的根本保证，是武装直升机完成作战任务的根本前提。续航能力通常用航程(D_{HC})和航时(T_{HC})来表示，见表 3-2。

表 3-2　直升机续航能力指标

续航能力指标	指标符号	单位	单位符号
航程	D_{HC}	千米	km
航时	T_{HC}	小时	h

直升机在空中飞行时通过发动机燃烧燃油提供动力，因此续航能力主要由燃油油量、燃油消耗率(与直升机重量、机动动作、气象环境等有关)决定。直升机由多个油箱组给发动机供油，根据任务需要可加载副油箱，见表 3-3。

表 3-3　直升机的油箱和储油量

油箱	供给对象	容积/L	低油面灯亮后可用油量/kg	不可用燃油量/kg
1 号油箱	左发动机	—	—	—
2 号油箱	右发动机	—	—	—
3 号油箱	前油箱	—	—	—
4 号油箱	后油箱	—	—	—

3. 生存能力

生存能力是衡量作战效能的重要指标之一；良好的生存能力意味着战场上装备人员的低损失率和战斗任务的高完成率。对武装直升机来说，其生存能力包括自身隐蔽能力和装甲防御能力。

(1) 隐蔽能力与直升机的几何尺寸、雷达反射面积以及噪声等有关。根据直升机效能评估模型，隐蔽系数 C_1 的计算式为

$$C_1=\frac{1}{4}\left[\left(\frac{150}{S_0}\right)^{0.25}+\left(\frac{10\times 2\times 2}{l\times w\times h}\right)^{0.25}+S+\varepsilon_{1噪}\right] \tag{3-2}$$

式中，S_0 为桨盘面积，m^2。l、w、h 分别为直升机的几何长、宽、高，m。S 为闪光系数，取值视 F_f 而定，即

$$F_f=主翼转速(r/s)\times 桨叶数 \tag{3-3}$$

当 F_f＞22Hz 时，S 取 1.0；当 F_f≤10Hz 时，S 取 0.79；当 10Hz＜F_f≤22Hz 时，S=0.79+0.05(F_f−10)/3。$\varepsilon_{1噪}$ 为噪声隐蔽系数，即

$$\varepsilon_{1噪} = \lg^{-1}[(80 - N)/60] \tag{3-4}$$

N 为噪声声强级。

(2)装甲防护能力。直升机的装甲情况比较复杂，在不同部位加装装甲对直升机的生存能力有着不同的影响，直升机的装甲防护系数 F 可根据不同部位的装甲情况给出：

$F_d = 0.1$， 动力装置装甲防护

$F_z = 0.18$， 飞行员座舱防护

$F_c = 0.32$， 操纵装置装甲防护

$F_y = 0.4$， 燃油系统防护

以上部位无装甲防护则系数为 0。

直升机的装甲防护系数的具体计算式为

$$F = 1 + \sum 装甲防护系数 \times 0.3 \tag{3-5}$$

4. 操纵能力

直升机的操纵能力与直升机的座舱布局、操纵系统及显示装置等因素有关。取值原则为越有利于发挥飞行员的主动性，取值越高。通常直升机的操纵能力用操纵效能系数进行描述，其具体取值将在后续章节进行介绍。

5. 通信能力

武装直升机的通信由短波电台、超短波电台进行，实现载机的空空、空地通信。衡量通信能力的主要指标见表 3-4。

表 3-4　通信能力指标

通信能力指标	指标符号	单位	单位符号
频带宽度	W_{FB}	兆赫兹	MHz
最大通信距离	S_{MAX}	千米	km
最大数传速率	V_{SC}	比特/秒	bit/s
数传误码率	p_{WM}	—	—
最大时延	T_{DMAX}	秒	s

6. 导航能力

直升机通过组合导航系统和无线电导航系统进行导航，导航方式可以根据需要选择。导航能力指标见表 3-5。

表 3-5　导航能力指标

导航能力指标	指标符号	单位	单位符号
定位精度	A_{DW}	米	m
姿态精度	A_{ZT}	度	(°)
航向精度	A_{HX}	度	(°)
速度精度	A_{SD}	米/秒	m/s
准备时间	T_{MIN}	分钟	min

7. 探测瞄准和跟踪能力

直升机通过搜索瞄准指示/夜视系统在昼/夜间对战场进行搜索，对目标进行瞄准、识别、跟踪、激光测距和激光照射，以配合空地导弹的对地攻击以及直升机所携带其他武器的对地、对空攻击。装备搜索瞄准指示/夜视系统的直升机的探测、瞄准和跟踪能力指标见表 3-6。

表 3-6　探测、瞄准和跟踪能力指标

探测、瞄准和跟踪能力指标	指标符号	单位	单位符号
探测距离	S_{TC}	千米	km
识别距离	S_{SB}	千米	km
瞄准线报告精度	A_{BGJD}	毫弧度	mrad
瞄准线稳定精度	A_{WDJD}	毫弧度	mrad
准备时间	T_{MIN}	分钟	min
自动跟踪误差	E_{GZ}	毫弧度	mrad

8. 激光测距和激光照射能力

发射空地导弹前必须对目标进行激光照射和激光测距。装备搜索瞄准指示/夜视系统的直升机的激光测距和激光照射能力指标见表 3-7。

表 3-7　激光测距和激光照射能力指标

测距/照射能力指标	指标符号	单位	单位符号
最小测量距离	S_{CJMIN}	米	m
最大测量距离	S_{CJMAX}	米	m
测距误差	E_{CJ}	米	m
束散角	θ_{ss}	毫弧度	mrad
最大连续测距时间	T_{CJMAX}	秒	s
最大照射距离	S_{ZSMAX}	千米	km
照射精度	A_{ZS}	毫弧度	mrad
脉冲编码数量	N_{MC}	种	—

9. 电子自卫能力

电子自卫系统能对雷达(包括毫米波雷达)威胁信号和激光测距或照射威胁信号进行告警，可通过人工控制方式发射红外干扰弹(以下简称红外弹)或箔条干扰弹(以下简称箔条弹)对敌方红外威胁或制导雷达进行干扰。电子自卫系统加装导弹逼近告警设备、紫外羽烟告警传感器以及电子干扰吊舱后，能探测各种制导方式的来袭导弹，实施全方位有效告警，并可通过自动方式发射红外弹或箔条弹，对敌雷达系统进行有效干扰。电子自卫能力指标见表 3-8。

表 3-8　电子自卫能力指标

电子自卫能力指标	指标符号	单位	单位符号
雷达探测距离	S_{LDTC}	千米	km
雷达探测区域	—	—	—
雷达测向精度	A_{LDCX}	度	(°)
激光告警空域	—	—	—
激光告警距离	S_{JGGJ}	千米	km
激光告警反应时间	t_{JGGJ}	秒	s
导弹逼近告警探测空域	—	—	—
导弹逼近告警探测距离	S_{DDBJ}	千米	km
导弹逼近告警响应时间	t_{DDBJ}	秒	s
紫外羽烟告警探测空域	—	—	—
紫外羽烟告警探测距离	S_{ZWYYTC}	千米	km
紫外羽烟告警距离	S_{ZWYYGJ}	千米	km
紫外羽烟告警指向精度	A_{ZWYYGJ}	度	(°)
紫外羽烟告警探测概率	p_{ZWYYTC}	—	—
紫外羽烟告警虚警率	e_{ZWXJ}	次/小时	次/h

评价直升机的综合效能时，电子自卫能力系数 D_1 可根据实战演习或试验结果在 1.05～1.2 取值。

10. 武器系统能力

武装直升机可根据作战任务需要挂载空地导弹、空空导弹、航空火箭弹(杀爆弹和子母弹)和航炮/航枪等，空地导弹、航空火箭弹和航炮/航枪的能力指标描述见表 3-9～表 3-11。武器系统的能力与气象条件有关，同时还应结合武器型号和战斗部的类别进行分析。

表 3-9　空地导弹能力指标

空地导弹能力指标	指标符号	单位	单位符号
最大射程	S_{AKD}	米	m
动破甲能力	P_{DPJ}	毫米(68°入射角)	mm/68°
命中概率	p_{MZ}	—	—

表 3-10　航空火箭弹能力指标

航空火箭弹能力指标	指标符号	单位	单位符号
最大射程	S_{ROCK}	米	m
射击密集度	R_{MJD}	米	m
密集杀伤半径	R_{SDMJ}	米	m
地面密集度	D_{DMMJ}	—	—
子弹散布面积	m_{ZDSB}	米 ^{2}	m^2
子弹静破甲垂直深度	P_{ROCKPJ}	毫米	mm
子弹密集度杀伤半径	R_{ZDMJ}	毫米	mm
散布精度	A_{ROCKFS}	毫弧度	mrad

表 3-11　航炮/航枪能力指标

航炮/航枪能力指标	指标符号	单位	单位符号
最大稳定跟踪角速度	ω_{GZMAX}	度/秒	(°)/s
最小稳定跟踪角速度	ω_{GZMIN}	度/秒	(°)/s
射击精度	A_{QPSJ}	毫弧度	mrad
备弹量	N_{ZDMAX}	发	—

11. 任务完成能力

任务完成能力与具体的作战任务息息相关，通常结合目标进行。评价指标的描述见表 3-12。

表 3-12　任务完成能力指标

任务完成能力指标	指标符号	单位	单位符号
目标毁伤数量	N_{MBHS}	个	—
目标毁伤程度	D_{MBHS}	—	—
任务完成概率	P_{RW}	—	—

12. 弹药燃料消耗水平

作战中追求以最小的弹药燃料消耗水平完成作战任务。弹药燃料消耗水平指标见表 3-13。

表 3-13　弹药燃料消耗水平指标

弹药燃料消耗指标	指标符号	单位	单位符号
空地弹使用数量	n_{AKD10}	枚	—
火箭弹使用数量	n_{S70}	枚	—
航炮使用数量	n_{23HP}	发	—
航枪击发数量	n_{127JQ}	发	—
燃油消耗数量	Q_{RY}	千克	kg

13. 战损比

战损比，又称为兑换比，是武装直升机作战效能评估中一项重要的综合性指标，一般指的是“攻防对抗的双方作战过程中击毁敌方目标的数量与己方被击毁的数量的比值”，需从战争全局考虑，具有统计意义。

由于武装直升机的主要作战任务是攻击敌方的坦克、装甲车、指挥所、地面雷达站等，作战任务多样；而且针对不同型号的坦克、装甲车等，其目标价值不一样，战损比情况也不一样。通常只统计特定型号的武装直升机针对重要作战目标的战损比值，而且在统计计算时需说明战损双方的类别和型号。战损比指标的表示方法见表 3-14。

表 3-14　战损比指标

指标名称	指标符号	指标单位	补充描述
战损比	E_{ZS}	—	X 型直升机对 M1A1 坦克

第 4 章　武装直升机作战效能分析评估方法

分析评估武装直升机的作战效能时，要综合考虑战场环境、作战对象和武器系统作战运用方法等多个方面的因素。在仿真环境下进行多次作战过程推演后采集到的数据非常多，需要分析计算、统计综合的效能指标也非常多，而且采用不同方法分析计算所得到的结果也不会完全相同。因此，有必要在分析比较国内外常用的武器系统效能分析评估方法的基础上，结合武装直升机作战效能指标的特点，对武装直升机作战效能仿真分析计算的方法展开研究。

分析计算武器系统作战效能的方法很多，本章在介绍常用的武器系统作战效能分析计算方法的基础上，结合武装直升机效能指标体系的特点和数据获取情况，研究武装直升机作战效能分析计算方法，并给出评估计算的实施步骤。

4.1　常用的效能分析计算方法

分析计算武器系统作战效能的方法很多，主要有解析计算法、性能参数法、试验统计法、作战模拟法、多指标综合法等，每种方法都有其特点和适用范围。

4.1.1　解析计算法

解析计算法根据效能指标和给定条件之间函数关系的解析表达式计算效能指标值；解析表达式可以直接根据军事运筹理论建立，也可以用数学方法求解所建立的效能方程得到。解析计算法公式透明性好、计算简单、结果明确，且能进行变量间关系的分析；其缺点是考虑因素少、公式本身也不易得到，而且所得结果比较抽象，适用于系统结构简单、解析模型清晰、参数分布规律明确的武器系统。

常用的解析计算法主要有：WSEIAC 模型与方法、层次分析法、模糊综合评判法、系统效能分析法、量化标尺评估法、阶段概率法、程度分析法、结构评估法、信息熵评估法、灰色评估法等。

1. WSEIAC 模型与方法

美国的武器系统有效性工业咨询委员会（Weapons System Effectiveness Industry Advisory Committee，WSEIAC）于 1965 年提出的武器系统效能模型中，将系统的可靠性、维修性、保障性、生存力和固有能力等因素综合为可用性 A（availability）、

可信性 D(dependability)和固有能力 C(capability)3 个指标，得到的系统效能评估模型 E(effectiveness)如下：

$$E = A \times D \times C \tag{4-1}$$

式中，$E=(e_1,e_2,\cdots,e_m)$ 为系统效能指标，$e_i(i=1,2,\cdots,m)$ 是对应于系统第 i 项任务要求的效能指标；$A=(a_1,a_2,\cdots,a_n)$ 为系统 n 维可用度向量，是系统在执行任务开始时刻可用程度的度量，反映系统的使用准备程度，$a_j(j=1,2,\cdots,n)$ 是开始执行任务时刻系统处于状态 j 的概率（j 为系统的可能状态序号）；D 为系统可信度，表示系统在使用过程中完成指定任务的概率，由于系统有 n 个可能状态，所以可信度 D 是一个 $n \times n$ 的矩阵，即

$$D = \begin{bmatrix} d_{11} & d_{12} & \cdots & d_{1n} \\ d_{21} & d_{22} & \cdots & d_{2n} \\ \vdots & \vdots & & \vdots \\ d_{n1} & d_{n2} & \cdots & d_{nn} \end{bmatrix}$$

$d_{ij}(i=1,2,\cdots,n;j=1,2,\cdots,n)$ 是开始使用时刻系统处于状态 i 而使用过程中转移到状态 j 的概率，显然有 $\sum_{j=1}^{n} d_{ij} = 1$；$C$ 代表系统运行或作战能力，即系统处于可用和可信状态下能达到任务目标的概率，一般情况下 C 是一个 $n \times m$ 的矩阵，即

$$C = \begin{bmatrix} c_{11} & c_{12} & \cdots & c_{1m} \\ c_{21} & c_{22} & \cdots & c_{2m} \\ \vdots & \vdots & & \vdots \\ c_{n1} & c_{n2} & \cdots & c_{nm} \end{bmatrix}$$

$c_{ij}(i=1,2,\cdots,n;j=1,2,\cdots,m)$ 是系统在可能状态 i 下达到第 j 项任务要求的概率，显然有 $\sum_{j=1}^{n} c_{ij} = 1$。

该模型中，能力矩阵是系统性能的集中体现，也是求解效能的关键所在。

该方法比较全面地反映了武器系统状态及随时间变化的多项战术、技术指标在作战使用中的动态变化及综合应用，比较适合复杂大型武器系统的效能评估。其不足之处有：

(1) 使用的评估模型比较简单，评估过程过于简化；

(2) 能力矩阵的选取灵活性太大，因人而异，很难统一；

(3) 以系统状态划分及其条件概率为建模思想，当它应用于状态维数较多的复杂系统时，会出现维数急剧“膨胀”，尤其是难以把系统效能分析反映在动态系统的运行过程中。

该模型的局限性还表现在只能给出某一特定条件下的效能，不能给出对某一类战场环境的效能。武器系统在使用时存在对某一战场环境不能准确确定的情况，同时对敌方的防御体系也不能清楚掌握，因而给模型的使用带来很大限制。

2. 层次分析法

层次分析法(analytical hierarchical process，AHP)是美国运筹学家 T. L. Satty 教授于 20 世纪 70 年代提出的一种定性分析与定量分析相结合的多准则决策分析方法，在系统工程中经常使用。它将决策者的经验判断进行量化，特别适用于目标结构复杂且缺乏必要数据的情况。层次分析法因其具有系统、灵活、简便以及定性与定量相结合等特点与优点，受到了广泛的重视并被应用到多个领域的多目标决策活动中。

虽然从数学原理上讲层次分析法具有深刻的内容，但从本质上讲它是一种思维方式，应用层次分析法时只需掌握一些简单的数学工具。层次分析法首先把复杂问题分解成各个组成部分，并将这些组成部分按支配关系分组形成多层次的递阶结构；然后通过两两比较的方法确定同一层次中各因素的相对重要性；最后综合决策者的判断，确定被选方案相对重要性的总排序。整个过程体现了人类思维决策的基本特征，即分解、判断和综合。一般情况下，决策者可自己使用层次分析法进行决策，改变了长期以来决策者与决策分析者分离且难于沟通的状况，大大提高了决策的可操作性和有效性。

用层次分析法研究系统效能的基本思想，是将系统所包含的全体因素(包括诸多技术战术指标、可靠性、维修性、保障性及与它们相关的诸多中间的综合品质指标)划分为不同的层次(如目标层、准则层、指标层)，并用框图形式表示各层次的递阶结构与各因素的从属关系。再由诸专家对同一层次的因素进行两两比较与评估，确定同一层次中诸多因素对上层某一因素的重要性次序。综合各位专家的判定，统一确定该层次所有因素对上层某一因素的重要性排序权值。由最低层次向最高层次(即目标层)逐层进行，最终得到系统效能的评估值。

运用层次分析法分析武器系统的作战效能时，大体上可分为以下五个步骤：

(1) 分析影响武器系统作战效能的各因素之间的关系，建立系统效能的多层次递阶结构；

(2) 由领域专家对同一层次的各元素关于上一层次中作战效能的重要性进行

两两比较，构造两两比较判断矩阵；

(3) 由判断矩阵计算被比较元素对于作战效能的相对权重向量，并进行一致性检验；

(4) 计算各层元素对系统总效能的组合权向量，并进行组合一致性检验；

(5) 根据组合权向量计算系统作战效能的评估值。

层次分析法的优点是能充分运用领域专家的知识和经验，适用于获得的武器系统效能实践数据较少、具有一定数量的领域专家参与评判的场合。但不足之处是评判结果具有一定的主观性，且其评估值与武器装备的实际作战效果之间不具有物理拟合性。

3. 模糊综合评判法

模糊综合评判(fuzzy synthetic evaluation，FSE)法采用了 A. Zadeh 提出的概率推理软算法。一般处理过程是将系统分成各子系统，从系统的先进性、技术可行性、周期长短等进行综合评估，确定系统效能。该方法主要用于不同方案的比较和系统费效比的计算。模糊综合评判模型可通过以下定义描述：

给定论域的因素集中有 m 个元素，用 $U=\{u_1,u_2,\cdots,u_m\}$ 表示，对应的模糊权重向量 $A=\{a_1,a_2,\cdots,a_m\}$，且满足 $\sum_{i=1}^{m} a_i=1$；评判集中有 n 个元素，用 $V=\{v_1,v_2,\cdots,v_n\}$ 表示；单因素评判矩阵为 $m\times n$ 模糊评判矩阵，通过式(4-2)描述：

$$R=\begin{bmatrix} r_{11} & r_{12} & \cdots & r_{1n} \\ r_{21} & r_{22} & \cdots & r_{2n} \\ \vdots & \vdots & & \vdots \\ r_{m1} & r_{m2} & \cdots & r_{mn} \end{bmatrix} \tag{4-2}$$

定义模糊合成算子“$\circ$”，则综合评判结果 $B=A\circ R=\{b_1,b_2,\cdots,b_n\}$，且满足 $\sum_{i=1}^{n} b_i=1$；则称六元组$(U,V,A,R,\circ,B)$为模糊综合评判模型。

模糊综合评判又称为模糊二级评判，评判过程通常分为四个步骤：①确定因素集 U 和评判集 V；②确定因素集权向量 A；③进行单因素评判，并组合单因素评判向量得到模糊评判矩阵 R；④实施模糊综合评判，计算综合评判结果向量 B。下面对其进行简要分析。

1) 确定因素集和评判集

在确定因素集 U 和评判集 V 时，要结合具体仿真系统的特点和评估应用的需要，既要进行全面分析又要抓住主要矛盾，尽可能逼真地模拟人类的决策思维。

评判时将 U 按属性划分成若干个子集，记为 $U_1,U_2,\cdots,U_k$，且满足

$$\bigcup_{i=1}^{k} U_i = U, \quad U_i \cap U_j = \varnothing (i \neq j) \tag{4-3}$$

2) 确定因素集权向量

因素集的权向量 A 是一个模糊子集，反映了各因素对最终评判目标影响的重要性程度；$A=\{a_1,a_2,\cdots,a_m\}$ 且满足归一化条件 $\sum_{i=1}^{m} a_i = 1$。

A 确定得当与否直接影响综合评判的结果，是评判中最关键的环节之一。确定 A 的方法有多种，常用的有解析法、统计法、Delphi 法、专家调查法和层次分析法等。

3) 单因素评判

单因素评判是综合评判的基础。通过单因素评判，确定各因素对决策目标的评判向量，再综合各评判向量得到模糊评判矩阵 R。可采用调查统计的方法确定各单因素的评判向量，被调查的人要足够多且具有一定的代表性。

4) 综合评判

综合评判即选用适当的模糊合成算子“$\circ$”，通过 $B = A \circ R$ 计算评判结果。常用的模糊合成算子有 5 个：

(1) $\circ(\vee,\wedge)$，其中“$\vee$”为取大(max)，“$\wedge$”为取小(min)，即

$$b_j = \bigvee_{i=1}^{m} (a_i \wedge r_{ij}) = \max\{\min(a_1,r_{1j}),\min(a_2,r_{2j}),\cdots,\min(a_m,r_{mj})\}, \quad j=1,2,\cdots,n \tag{4-4}$$

(2) $\circ(\bullet,\vee)$，其中“$\bullet$”为普通实数乘法，即

$$b_j = \bigvee_{i=1}^{m} a_i r_{ij} = \max\{a_1 r_{1j}, a_2 r_{2j},\cdots,a_m r_{mj}\}, \quad j=1,2,\cdots,n \tag{4-5}$$

(3) $\circ(\wedge,\oplus)$，有 $\alpha \oplus \beta = \min\{1,\alpha+\beta\}$，$\oplus\sum_{i=1}^{m}$ 为对 m 个数在 $\oplus$ 运算下求和，即

$$b_j = \oplus\sum_{i=1}^{m} (a_i \wedge r_{ij}) = \min\left\{1,\sum_{i=1}^{m} \min(a_i,r_{ij})\right\}, \quad j=1,2,\cdots,n \tag{4-6}$$

(4) $\circ(\bullet,\oplus)$，即

$$b_j = \oplus \sum_{i=1}^{m} a_i r_{ij} = \min\left\{1, \sum_{i=1}^{m} a_i r_{ij}\right\}, \quad j = 1,2,\cdots,n \tag{4-7}$$

(5) $\circ(r^a, \wedge)$，其中 r^a 为乘幂，即

$$b_j = \mathop{\wedge}_{i=1}^{m} r_{ij}^{a_i} = \min\left\{r_{1j}^{a_1}, r_{2j}^{a_2}, \cdots, r_{mj}^{a_m}\right\}, \quad j = 1,2,\cdots,n \tag{4-8}$$

合成算子(1)是主观因素决定型综合评判，其评判结果只取决于起主要作用的那个因素；(2)和(3)是主因素突出型，它与合成算子(1)比较接近，但该运算比较“细腻”，不仅突出了主要因素，也兼顾了其他因素，常用在所统计的模糊矩阵中数据悬殊的情况，可防止“调皮”数据的干扰；(4)和(5)是加权平均型，依权重大小兼顾其他所有因素，常用在因素集很多的情况，可避免信息丢失。实际运用中，到底选用哪种算法，要根据具体问题的特点和需要而定。

4. 系统效能分析法

系统效能分析法(system effectiveness analysis, SEA)是 20 世纪 70 年代末 80 年代初由美国麻省理工学院信息与决策实验室 A. H. Levis 提出的系统效能分析框架。

SEA 法基于六个基本概念：系统、任务、环境、原始参数、性能量度和系统效能。系统是由相互关联的各部分组成并相互协同动作的有机整体；任务是赋予系统必须完成的使命；环境是与系统发生作用而又不属于系统的元素集合；原始参数是一组描述系统、环境及任务的基本变量，它又划分为系统原始参数、环境原始参数和任务原始参数；性能量度是描述系统完成任务品质的“量”，与系统任务的含义密切相关；系统效能概念如前所述。上述诸概念中，前三个概念有助于提出问题，后三个概念是用于确定分析过程的关键量。

SEA 法的主要思想是：系统效能是包含技术、经济和人的行为等因素在内的“混合”概念。对一个被评估的人工系统而言，系统效能还应反映系统用户的需求，并能体现系统技术、系统环境和用户需求的变化。因此，SEA 法应该充分考虑“大范围”因素的影响，并且适应于任何一个因素变化的要求。

武器系统利用 SEA 法进行效能评估存在以下困难：

(1) SEA 法的概念、系统的边界划分、任务原始参数的定义和模型等方面仍有待于进一步研究；

(2) 如何建立符合系统运行规律的系统映射、如何计算具有多维性能量度的系统效能指标，至今仍是 SEA 法的难点，没有比较完整的规律和方法可循。

SEA 法在民用系统中得到一些成功的应用，但对于武器系统这样复杂的系统，由于所处环境的复杂性，所建立的映射也会很复杂，这将是模型可解性面

临的挑战。

5. 量化标尺评估法

量化标尺评估法的基本思想是首先根据战技指标体系来确定系统的分层结构和评估项目，然后确定各分系统评估项目的加权系数，根据各指标的给定量化标尺，对各指标进行评估，最后对系统进行综合效能评估。

从该方法的出发点可以看出，它主要适合于系统不同方案的综合比较，缺点是量化标尺的选取很难统一。

6. 阶段概率法

阶段概率法是对系统效能的一种评估方法，它把武器系统完成的任务人为地分成几个阶段，取各阶段完成任务的概率积作为效能值，即

$$E = \prod_{i=1}^{n} p_i \tag{4-9}$$

式中，n 为完成任务的阶段数；p_i 为 i 阶段完成任务的概率。

该方法简单、直观易懂，但是没考虑维修性、测试性和机动性等的影响，由于在不同的情况下，各阶段完成任务的概率不是一个定值，它只能反映一种具体情况下的效能，无法综合评估全系统的效能。

7. 程度分析法

程度分析法是采用集值统计方法评估事物满足某项目标要求的程度的一种效能评估方法。武器系统的效能是描述军事系统达到某一目标的程度，由于其还与指挥员的心理和思维等因素有关，很难找到一个与实际绝对吻合的准确量来表示。程度分析法首先将专家用自然语言表达的对某事物是否满意的程度表示成区间数值；再采用数学模型将统计的区间数进行合成运算，形成总体的程度表示，并给出一定的协调度；然后将量化结果反馈给专家，通过互相对话，反复协商，重新标出更合适的区间值，并利用协调度反映模型量化与专家的吻合程度。这样通过反复的对话协调，最后达到“共识”的满意程度。程度分析法是一种效能评估的软技术，此方法主要用于有指挥效能的评估。

8. 结构评估法

结构评估法首先要设计评估工具，即通过对作战任务的分析，来确定作战想定，由此建立概念模型。进行作战想定就是要回到任务制订者的思想源头，回到确定任务的实际背景中去，通过研究这个实际背景而深入理解需求，进而预测武

器系统在实际环境中的工作情况，结合目标结构、武器使用原则和典型战例，人为地设想战斗过程。另外要确定任务指标体系，即确定体现战技指标要求的体系化、量化的指标形式的评估工具。对系统进行效能评估，实际上就是将系统的性能与任务相比较，求出其达标性能，这就是该方法的基本思想。

在建立指标体系的基础上，将体系分层，可以给出各层的效能度量。实际上是以性能指标集重合于任务指标集的程度作为系统完成作战任务要求的效能值，它通过指标集的相交运算和指标集势函数的相除完成，所得结果属于[0,1]，保证了效能值具有可比的特性。

该方法实质是用战技指标的符合程度来评估效能，考虑因素比较全面，是一种可以借鉴的思想，它适用于使用部门对导弹武器系统方案的检验。该方法的局限主要表现在：

(1) 认为达到军方提的指标效能值就为 1 是不合理的；

(2) 实际应用中有一些指标无法量化，使用本方法比较困难。

9. 信息熵评估法

自德国物理学家克劳修斯在研究热力学中提出熵概念以来，熵理论已超出热力学范畴，在众多领域得到广泛的开拓与研究。美国著名学者香农把熵的概念引入信息论，使与热力学毫不相干的随机事件的不确定性和信息量的度量找到了熵理论的支撑和描述，从而奠定了现代信息论的科学理论基础。

从信息论的角度看，应用信息熵来度量和研究系统的效能是一种新的尝试。它突破了传统单纯概率度量评估模式，使效能量化获得一种新的表达。更为重要的是，熵是信息论的核心理论之一，作战效能采用信息熵度量评估是效能研究本身从标准到单位值，不用转化就与现代信息科学方法相统一，有利于作战效能研究与评估驶上“信息高速公路”，获得更快发展。

然而，要合理地利用熵度量，关键是要构造出合理的密度函数，从而得出信息熵，需要针对不同的问题研究不同的密度函数。

10. 灰色评估法

灰色评估法是在邓聚龙教授创立的灰色系统理论基础上发展而来的一种分析评估方法，它的基本思想是：先给出反映评价指标与各组成元素之间内在的层次结构，再根据少量已知的信息，运用灰色聚类分析构造出尽可能完善的数学模型，确定出不同聚类指标的白化数，再按几个灰类进行综合、归纳，以判断聚类对象归属，最后得到对系统的总体评价，为评估决策提供定量分析依据。灰色评估法运用控制论与运筹学相结合的数学方法，发展了一套分析信息不完备系统的理论与方法，能够较好地处理贫信息系统的问题。本方法的局限性在于：

(1) 依据专家的经验确定评分等级、灰类等级和评分，带有一定的主观性；

(2) 评价结果为一个隶属于不同灰类的向量，对评分等级和灰类等级划分的依赖性较强，对该向量进行单值化处理，也会增加评估结果的主观性；

(3) 能给出不同受评者的优劣排序，但难以对系统做出全面而准确的定量评估；

(4) 工作量大，计算任务繁重。

4.1.2　性能参数法

性能参数法采用武器系统的某些典型性能指标，并进行适当综合来描述系统的效能，主要包括性能对比法、专家评分法、性能指数法等。性能参数法简单易行，但是不够全面。该方法比较适合于论证方案时的武器效能评估。

4.1.3　试验统计法

试验统计法应用数理统计方法，依据实践、演习、试验以及计算机仿真获得的大量统计资料与数据来评估武器系统的效能。试验统计法应用的前提是所获统计数据的随机性可清楚地用模型表示并加以利用。常用的试验统计法有抽样检查法、参数估计、假设检验、回归分析和相关分析等。

试验统计法得到的结果比较准确，但需要大量武器系统的效能试验数据作基础，收集数据的难度大、所需费用高、时间长，只适用于一些关键性效能指标数据的获取。

4.1.4　作战模拟法

作战模拟法也称作战仿真法。其实质是以计算机模拟模型为试验手段，通过在给定数值条件下运行模型来进行作战仿真试验，得到关于作战进程和结果的数据，经过处理后估算出系统效能。

作战模拟法的优点是能较详细地考虑影响实际作战过程的诸因素，特别适合于武器系统或作战方案作战效能指标的预测评估。

该方法在使用时需解决作战建模的精度和仿真可信性问题，而且实现过程复杂，受到一定的技术水平限制。

4.1.5　多指标综合法

多指标综合法包括效能评估指标体系的建立和指标值的获取与综合两个部分。对指标值的获取与综合，一般有概率综合法、线性加权法、模糊综合评判法、层次分析法及多属性功效函数法等。

在效能指标与作战条件之间不存在明确的目标函数关系时，多指标综合法是一种有效的方法。其难点是指标值不易确定。

各类常用效能分析方法的优缺点和适用范围如表 4-1 所示。

表 4-1　常用效能分析方法的对比

评估方法	优点	缺点	适用范围
解析计算法	公式透明性好、易于理解、计算简单，且能进行变量间关系的分析	考虑因素少，公式本身不易得到，所得结果比较抽象	系统结构简单，能够建立明确的解析计算模型
性能参数法	分析时所需的数据少，操作起来简单易行	所得结果不够全面	武器系统论证
试验统计法	得到的结果比较准确	需要大量试验作基础，耗费大、所需时间长	武器系统论证和关键性效能数据的获取
作战模拟法	能较详细地考虑影响实际作战过程的诸因素，特别适合于武器系统或作战方案作战效能指标的预测评估	对建模精度和仿真可信性的要求高，其实现受到技术水平的制约	武器系统论证、作战效能预测评估、作战指挥训练
多指标综合法	能充分运用局部解析模型、实战数据、仿真数据和专家经验，进行综合分析	效能指标值不易确定	效能指标与作战条件间不存在明确的目标函数关系

4.2　武装直升机作战效能评估方法

武装直升机是一种复杂的武器系统，分析其作战效能时需要先确定效能评估指标体系，然后根据评估指标的特点选取合适的分析计算方法。建立指标体系时通常采用层次分析法对指标进行逐层分解，并确立各层指标间的对应关系；在对各层指标进行综合时既可采用静态的指数分析法，也可采用动态的作战仿真法，在大量仿真试验的基础上进行多目标寻优决策。

4.2.1　层次分析法

层次分析法作为一种决策过程，提供了一种表示决策因素测度的基本方法。这种方法采用相对标度的形式，充分利用了人的经验和判断能力。在递阶层次结构下，它根据所规定的相对标度(比例标度)，依靠决策判断，对同一层次有关因素的相对重要性进行两两比较，并按层次从上到下分析方案对于决策目标的测度。这个测度统一了有形和无形、可定量和不可定量等众多因素，因此它不仅可以作为决策的依据，还可以作为评估指标分析的重要手段。

由于武装直升机的结构复杂性和功能多样性，直升机的效能指标体系具有多层次、多目标的特点。根据武装直升机的使命任务情况，可采用层次分析法建立作战效能评估指标体系。

1. 确立效能评估指标的层次化结构

建立的武装直升机作战效能指标的层次化结构如表 4-2 所示。

表 4-2　武装直升机作战效能指标的层次化结构

第一层指标	第二层指标	第三层指标	第四层指标
综合作战效能(A)	平台基本能力(B1)	机动能力(C1)	最大速度(D1)
			动升限(D2)
			最大正过载(D3)
			最小负过载(D4)
			最大爬升速率(D5)
			发动机单位功率(D6)
			发动机功重比(D7)
			发动机加速性(D8)
			旋翼桨盘载荷(D9)
		续航能力(C2)	最大航程(D10)
			最大航时(D11)
		飞行操纵能力(C3)	操纵响应时间(D12)
			操纵灵敏度(D13)
		生存能力(C4)	发动机红外辐射强度(D14)
			发动机噪声强度(D15)
			旋翼噪声强度(D16)
			平台 RCS 特性(D17)
			机体抗坠毁能力(D18)
			装甲防护能力(D19)
			乘员生存概率(D20)
	任务设备能力(B2)	通信能力(C5)	短波通信能力(D21)
			超短波通信能力(D22)
			卫星通信能力(D23)
			JIDS 能力(D24)
			综合数据链能力(D25)
		导航定位能力(C6)	定位精度(D26)
			航向精度(D27)
			姿态精度(D28)
		侦查探测能力(C7)	可见光侦察能力(D29)
			红外侦察能力(D30)
			毫米波火控雷达侦察能力(D31)
		电子对抗能力(C8)	对雷达干扰能力(D32)
			对通信干扰能力(D33)

续表

第一层指标	第二层指标	第三层指标	第四层指标
综合作战效能(A)	任务设备能力(B2)	电子对抗能力(C8)	激光告警探测能力(D34)
			雷达告警探测能力(D35)
			干涉仪测向定位能力(D36)
			电子防御能力(D37)
			反辐射摧毁能力(D38)
	武器系统能力(B3)	火力控制能力(C9)	头盔跟踪能力(D39)
			CCD 相机瞄准能力(D40)
			红外夜视瞄准能力(D41)
			指示能力(D42)
		空地导弹攻击能力(C10)	有效射程(D43)
			命中概率(D44)
			毁伤能力(D45)
		空空导弹攻击能力(C11)	有效射程(D46)
			命中概率(D47)
			命中精度(D48)
			杀伤半径(D49)
		火箭弹攻击能力(C12)	最大射程(D50)
			命中精度(D51)
			杀伤半径(D52)
		航炮攻击能力(C13)	携带数量(D53)
			发射能力(D54)
			命中精度(D55)
			毁伤能力(D56)
	其他能力(B4)	战场指挥控制能力(C14)	情报侦察能力(D57)
			信息处理能力(D58)
			协调控制能力(D59)
			指挥决策能力(D60)
		战术通用能力(C15)	环境适应能力(D61)
			特殊装备能力(D62)

引入指标的数学描述方法：指标 A(指标 B1,…,指标 Bn)，表示指标 A 可用指标 B1 到指标 Bn 进行描述。则表 4-2 的层次化作战效能指标可描述如下：

A(B1,B2,B3,B4)；

B1(C1,C2,C3,C4)；

B2（C5,C6,C7,C8）；

B3（C9,C10,C11,C12,C13）；

B4（C14,C15）；

C1（D1,D2,D3,D4,D5,D6,D7,D8,D9）；

C2（D10,D11）；

C3（D12,D13）；

⋮

C15（D61,D62）。

说明：①上面的四层指标结构还可以继续向下分解，直到可以直接得到系统和设备的数据；②根据评估目的不同，用层次分析法得到的评估指标体系的结构非唯一。

2. 分析效能指标间的耦合关系

效能指标间的耦合关系是指标体系建立和指标耦合模型建立的基础。效能指标可以分为定性指标和定量指标两种，前一种指标的量化一般采用专家评估法与灰色评估法。后一种指标的计算基于指标的耦合关系分析，这种耦合关系（即函数模型），需要运用作战历史数据、军用直升机的战例数据、系统和设备性能参数，以及通过模拟仿真得到的统计数据等。

通过分析这些数据，运用回归分析、数据拟合等方法来获得指标模型。指标模型并不要求在数值上的绝对精确，只需要反映其内在规律。

3. 指标值的无量纲归一化

无量纲处理，即对评价指标数值的标准化、正规化处理，它是通过一定的数学变换来消除指标量纲影响的方法，即把性质、量纲各异的指标转化为可以进行综合的一个相对数——“量化值”。

从理论上来讲，无量纲处理非常重要。在综合评价的实践中，人们往往不顾及各个指标的性质和意义，处理时避难就简，习惯于采取直线型的处理方法。当然，有些指标按其性质来讲，实际值的变化引起“量化值”的一个比例变化，采用直线型的处理方法无可非议。但对大多数指标来讲，指标实际值的变化对量化的影响并不是等比例的；当指标值处于较优（较差）水平状态时，指标的量化值慢于（快于）实际值的变化，因此当指标处于不同水平时，要做进一步的等量改善所付出的努力并不一样，这种努力会随指标量化数值的改善程度而递增。

层次分析法作为决策思维的一种形式，突出反映了思维方式的递阶层次结构特点。应用这种方法往往可以将复杂的问题分解为递阶的分层有序结构，达到化繁为简的目的。

将层次分析法应用于武装直升机作战效能的分析评估过程，具有以下优点：

(1) 系统性和理论性强；

(2) 表现形式简单直观；

(3) 将定性分析与定量计算相结合，解决了一些不可定量的因素对评估的影响；

(4) 将主观判断与研究问题直接结合，具有一定的适用性和有效性。

其局限性主要体现在以下几点：

(1) 局限于静态地评估直升机的作战效能；

(2) 评估指标综合集成过程中仅考虑了线性加权的情形；

(3) 评估结果在适用范围和可信度方面有较大的局限性。

层次分析法用于武装直升机作战效能评估取得了一定的成果，但在评估时也暴露出了应用方面的缺陷。为了使评估结果更加符合客观实际情况、更加合理，有必要对其进行一定程度的修正。

4.2.2 指数法

指数法是评估武器装备作战效能常用的方法之一，可在充分考虑重要指标因素的同时快速评估武器装备的作战效能。应用指数法评估武装直升机的作战效能时，要根据武器的性能数据，将各类指标值处理为无量纲值，避免带量纲值的物理概念不好解释的问题，减少了主观因素。其缺点是有一些因素不好量化，需根据经验评分，并且对重要性较低因素的影响难以下结论。在计算时为避免数值相互影响，所有参数均采用标准值。

下面分别介绍用指数法计算武装直升机对地攻击效能评估方法和对空作战效能评估方法。

1. 武装直升机对地攻击效能评估方法

武装直升机对地攻击作战效能的指数法评估计算公式如下：

$$C_{地}=\left[\ln B\times b_1+\ln\left(\sum A_1+1\right)+\ln\left(\sum A_2+1\right)\right]\times C_1\times S_1\times H_1\times D_1 \tag{4-10}$$

式中，B 为机动性能参数；b_1 为操纵效能系数；$\sum A_1$ 为武器性能参数；$\sum A_2$ 为探测能力参数；C_1 为隐蔽系数；S_1 为装甲系数；H_1 为航程系数；D_1 为电子对抗能力系数。

各参数的计算如下所示。

1) 机动性能参数 B

机动性能参数计算式为

$$B=\frac{V_{\max}}{300}+\frac{H_{\mathrm{d}}}{5000}+\frac{N_{y\max}-N_{y\min}}{4}+\frac{V_{y\max}}{10} \tag{4-11}$$

式中，$V_{\max}$ 为最大速度，km/h；H_{d} 为动升限，km；$N_{y\max}$ 为最大正过载，$N_{y\min}$ 为最小负过载，g；$V_{y\max}$ 为最大爬升速率，m/s。

2) 操纵效能系数 b_1

操纵效能系数与直升机的座舱布局、操纵系统及显示装置等因素有关。取值原则为越有利于发挥飞行员的主动性，取值越高。具体取值如下：

(1) 一般仪表及液压助力操纵取 0.7；

(2) 有平显取 0.8；

(3) 电传操纵，且有平显、综显或数据总线取 0.90；

(4) 配有头盔瞄具再加 0.05。

武装直升机空战武器主要是航枪/航炮和空空导弹。

3) 武器性能参数 $\sum A_1$

将不同的机载武器分别进行计算，其武器性能参数计算式为

$$\sum A_1=\sum A_1^{炮}+\sum A_1^{导}+\sum A_1^{箭} \tag{4-12}$$

$$\sum A_1^{炮}=(F_{\mathrm{r}}/1200)\times(V_0/1000)^2\times(G_{\mathrm{DW}}/400)\times(D/30)\times(n_{炮}/500)\times(1+\beta/360) \tag{4-13}$$

式中，$A_1^{炮}$ 指航炮(或机炮)的性能参数；F_{r} 为射速，发/min；V_0 为弹丸速度，m/s；G_{DW} 为弹丸重量，g；D 为口径，mm；$n_{炮}$ 为配备弹药数量；β 为炮架活动角，(°)。

$$\sum A_1^{导}=\frac{D_{\mathrm{S}}}{2}\times M_{\max}^{导}\times K_{导}\times\frac{G_{\mathrm{D}}}{5}\times\sqrt{n_{导}} \tag{4-14}$$

式中，$A_1^{导}$ 为导弹的性能参数；D_{S} 为射程，km；$M_{\max}^{导}$ 为导弹最大速度，Ma；G_{D} 为战斗部重量，kg；$n_{导}$ 为挂载导弹数量；$K_{导}$ 为制导方式，取值原则为：有线指令制导取 0.7，无线指令制导取 0.8，波束制导取 0.9，全自动寻的制导取 1.0。

$$\sum A_1^{箭}=\frac{D_{\mathrm{f}}}{20}\times M_{\max}^{箭}\times\frac{1}{A_{\mathrm{s}}}\times\frac{G_{\mathrm{D}}}{5}\times n_{箭} \tag{4-15}$$

式中，$A_1^{箭}$ 为火箭弹的性能参数；D_{f} 为有效射程，km；$M_{\max}^{箭}$ 为火箭弹最大速度，Ma；$n_{箭}$ 为挂载火箭弹的数量，枚；A_{s} 为火箭弹散布精度，通常用圆概率偏差

(CEP/X)表示；G_D 为战斗部重量，kg。

4) 探测能力参数 $\sum A_2$

探测能力参数计算式为

$$\sum A_2 = (D_0^2 / 4) \times (\beta_S / 360) \times P_0 \times K_{探} \tag{4-16}$$

式中，D_0 为有效距离，km；β_S 为总搜索方位角，(°)；P_0 为发现概率；$K_{探}$ 为设备系数。不同的设备 $K_{探}$ 值不同。

5) 隐蔽系数 C_1

隐蔽系数计算式为

$$C_1 = \frac{1}{4}\left[\left(\frac{150}{S_0}\right)^{0.25} + \left(\frac{10\times 2\times 2}{l\times w\times h}\right)^{0.25} + S + \varepsilon_{1噪}\right] \tag{4-17}$$

式中，S_0 为桨盘面积，m^2。l、w、h 分别为直升机的几何长、宽和高，m。$\varepsilon_{1噪}$ 为噪声隐蔽系数，且 $\varepsilon_{1噪} = \lg^{-1}[(80 - N) / 60]$（$N$ 为直升机噪声声强级）。S 为闪光系数，取值视 F_f 而定，且 F_f=主旋翼转速(r/s)×桨叶数，当 F_f＞22Hz 时，S 取 1.0；当 F_f≤10Hz 时，S 取 0.79；当 $10\text{Hz} < F_f \leqslant 22\text{Hz}$ 时，$S=0.79+0.05(F_f-10)/3$。

6) 装甲系数 S_1

装甲系数根据在不同部位的装甲情况给出：①动力装置装甲防护装甲系数取 0.1；②飞行员座舱防护装甲系数取 0.18；③操纵装置装甲防护装甲系数取 0.32；④燃油系统装甲防护装甲系数取 0.4。

7) 航程系数 H_1

航程系数计算式为

$$H_1=(D_{XH}/500)^{0.25}$$

式中，D_{XH} 为机内燃油所能持续的航程，km。

8) 电子对抗能力系数 D_1

电子对抗能力系数根据实战演习或试验结果取值。

2. 武装直升机对空作战效能评估方法

用指数法分析武装直升机对空中目标的作战效能。武装直升机战术指标较多，从对空攻击的角度来看，主要有发现和识别目标的能力、机动性、敏捷性、航程、航时、抗打击能力、电子战能力、武器系统效能、火控系统等。

直升机对空作战效能的指数法评估计算公式如下：

$$C_{空}=\left[\ln B\times b_2\times b_3+\ln\left(\sum A_1+1\right)+\ln\left(\sum A_2+1\right)\right]\times b_1\times S_2\times H_1\times D_1 \quad (4\text{-}18)$$

式中，B 为机动性参数；b_2 为发动机性能参数；b_3 为旋翼气动效能参数；$\sum A_1$ 为武器性能参数；$\sum A_2$ 为探测能力参数；b_1 为操纵效能系数；S_2 为生存力系数；H_1 为航程系数；D_1 为电子对抗能力系数。各参数的计算如下所示。

1）机动性能参数 B

机动性能参数由五项指标组成（最大速度 V_{max}、动升限 H_d、最大正过载 N_{ymax}、最小负过载 N_{ymin}、最大爬升速率 V_{ymax}），计算公式同式（4-11）。

2）发动机性能参数 b_2

发动机的性能对直升机的空战性能有很大的影响，性能优秀的涡轴发动机除了高单位功率和功率重量比外，还要求有良好的加速性。对采用涡轮轴发动机的直升机来说，对发动机的要求有：

（1）正常（AEO）工作状态的发动机轴功率要求（AEO 表示多发动力装置时所有的发动机都工作）；

（2）在 OEI 工作状态应急功率状态要大大超过正常起飞功率（OEI 指多发动力装置时一台发动机不工作）。

因此，衡量涡轴发动机性能的参数有单位功率 P_S、功率重量比 P_m 和加速性 $S_{加}$，表达式为

$$b_2=\frac{P_S}{200}\times\frac{P_m}{3}\times\frac{S_{加}}{3} \quad (4\text{-}19)$$

3）旋翼气动效能参数 b_3

旋翼是直升机最重要的部件，其大部分气动操纵面集中于此。直升机所赖以飞行的升力、滚转力矩等都由旋翼系统产生。在此只考虑桨盘载荷：

$$b_3=\frac{T}{\pi R^2}$$

式中，T 为旋翼拉力，N；R 为旋翼半径，m。

4）武器性能参数 $\sum A_1$

将不同的机载武器分别进行计算。武装直升机空战武器主要是航枪/航炮和空空导弹，武器性能参数计算式为

$$\sum A_1=\sum A_1^{炮}+\sum A_1^{导}$$

各参数的含义和取值同式（4-13）和式（4-14）。

5) 探测能力参数 $\sum A_2$

探测能力参数含雷达(A_2^{r})、红外搜索跟踪装置(A_2^{Rr})和目视能力($A_2^{目}$)，由于现代武装直升机的座舱设计都非常有利于飞行员的观察，因此目视能力可不予考虑或都给予相同的基准值 1。具体的计算式为

$$\sum A_2 = A_2^{\mathrm{r}} + A_2^{\mathrm{Rr}} + A_2^{目} \tag{4-20}$$

各项参数的计算式如下：

$$A_2^{\mathrm{r}} = (D_0 / 4) \times (\beta_{\mathrm{S}} / 360) \times P_0 \times K_{探} \tag{4-21}$$

式中，D_0 为有效距离，km；β_{S} 为总搜索方位角，(°)；P_0 为发现概率；$K_{探}$ 为设备系数，不同的设备取值不同。对于雷达来说，测距器取 0.3，无角跟踪能力雷达取 0.5，圆锥扫描雷达取 0.6，单脉冲雷达取 0.7，脉冲多普勒雷达取 0.8～1.0；对于红外搜索装置而言，单元件亮点式取 0.3，多元件固定式取 0.5，搜索跟踪式取 0.7～0.9，红外夜视装置取 0.85。

此外，$K_{探}$ 还可根据公式 $K_{探}=K_2\times(m_1\times m_2)^{0.05}$ 进行计算。式中 K_2 为雷达体制系数，m_1 为同时跟踪目标数量，m_2 为同时攻击目标数量。红外搜索跟踪装置的探测能力参数 A_2^{Rr} 的计算式同式(4-21)，K_2 取值有所不同。

6) 生存力系数 S_2

生存力系数与直升机的几何尺寸、雷达反射面积和装甲情况有关。由于人眼对一定频率下的闪光比较敏感，目视情况下除要考虑直升机的大小外，还要考虑旋翼的闪光系数。直升机的雷达反射截面计算还没有有效的算法；由于旋翼是直升机上最大的雷达反射截面，雷达反射面积主要考虑桨盘面积。若有装甲防护，可视情况给予加权系数。因此，生存力系数的计算公式为

$$S_2 = \left[\left(\frac{10}{机长} \times \frac{2}{宽} \right)^{0.25} \times S + \left(\frac{150}{S_0} \right)^{0.25} \right] \times \frac{S_1}{2} \tag{4-22}$$

式中，S 为闪光系数；S_1 为装甲系数；其余参数的含义见式(4-17)。

航程系数和电子对抗能力系数的取值与第 1 节中对地攻击效能评估计算方法的取值相同。

4.2.3 作战仿真法

作战仿真法的基本思路是：建立与评估指标计算相配套的仿真模型体系，开发仿真评估系统；基于作战仿真系统进行多次作战仿真推演，获得大量的仿真试

验数据，为评估指标的分析计算提供敌我对抗条件下的仿真统计数据，以支持效能分析评估活动。

武装直升机作战是一项复杂的军事行动，非常适合采用作战仿真的方法进行效能分析与评估。影响武装直升机作战效能的因素很多，包括武装直升机的装备状态和武器挂载情况、飞行员/射手的战术技术水平、任务目标特点、敌方兵力部署、战场环境等。采用作战仿真法评估武装直升机的作战效能时，通常按照以下步骤进行。

(1) 确立评估指标体系。该指标体系可结合评估目的、武器装备的结构和任务能力、仿真推演特点等，引入任务完成率、战损比等作为顶层指标。

(2) 建立装备实体模型和作战行动模型。根据参战装备的工作原理和性能指标建立敌我双方的装备实体模型，根据敌我双方的战术对抗规则和作战过程建立作战行动模型。

(3) 开发仿真系统。选取合适的仿真平台，将实体模型和行动模型转换为可在仿真平台上运行的计算机代码。

(4) 设计仿真试验(包括试验目的、试验内容、试验想定、试验过程和试验统计数据等)，多次运行仿真系统，获取所需的仿真试验数据。

(5) 选取合适的方法分析仿真数据，并将其与直升机的战技指标参数项结合，得到单项效能指标数据。

(6) 在效能分析框架中对仿真试验数据进行综合分析，得出综合效能指标。

此外，还可改变武器装备的性能指标值，考察这种变化对于最终作战效能指标的影响，提出武器装备改进的技术途径。

图 4-1 给出了采用作战仿真法评估武装直升机作战效能的工作流程。

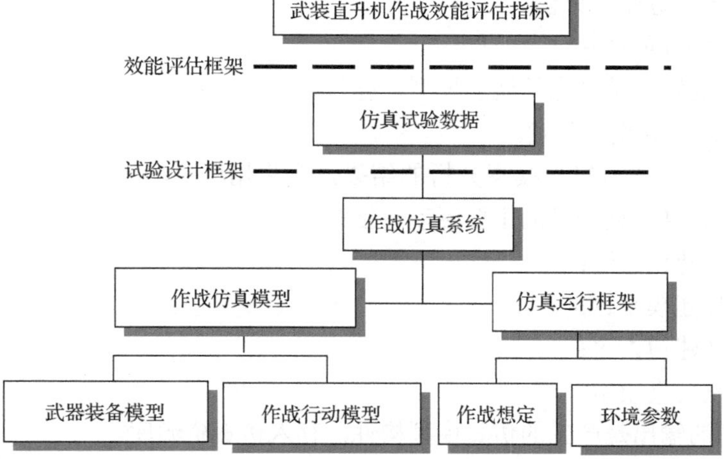

图 4-1　基于作战仿真法评估武装直升机作战效能的工作流程

进一步将上述流程细化，可以得到基于仿真评估(SBE)的武器系统作战效能评估运作体系结构。

在 SBE 的运作体系结构中，SBE 过程可分为以下 7 个步骤。

步骤 1：明确评估需求。

评估需求是后续一切活动的起点与归宿。明确评估需求的内容包括：

(1)定义评估指标；

(2)明确评估对象；

(3)分析评估想定；

(4)规定评估条件。

该活动的输出是产生的评估框架，存入仿真资源库。

步骤 2：明确试验需求。

试验需求是连接评估需求与仿真模型的桥梁。明确试验需求的内容包括：

(1)明确试验目的；

(2)定义试验实体；

(3)定义试验环境；

(4)规定试验实体与试验环境的输入输出框架(因子-指标)。

该活动的输出是产生的试验框架，存入仿真资源库。

步骤 3：概念模型分析。

在试验框架的约束下，进行目标系统或目标体系的概念模型分析。概念模型分析的内容包括：

(1)实体分解；

(2)实体事件序列分析；

(3)实体任务序列分析；

(4)激励-响应关系。

该活动的输出是产生的概念模型，存入仿真资源库。

步骤 4：仿真模型开发。

根据试验需求与概念模型分析的结果，产生用于试验、评估、分析的基础-仿真模型。仿真模型开发的主要活动包括：

(1)定义建模方法；

(2)选择建模平台；

(3)选择建模语言；

(4)编制仿真模型。

该活动的输出是产生的仿真模型构件，存入仿真资源库。

步骤 5：模型集成与测试。

为了进行后续的试验设计与运行活动，需要在仿真模型开发的基础上进行模型的集成与测试。模型的集成与测试的主要活动包括：

(1) 单模型测试；

(2) 模型层次化装配；

(3) 多模型联合测试；

(4) 模型有效性验收测试。

该活动的输出是产生的经过校验与测试的仿真模型构件与仿真模型想定，存入仿真资源库。

步骤 6：试验设计与运行。

试验设计与运行是进行评估分析的基础。该活动将模型与评估关联起来。试验设计与运行的主要活动包括：

(1) 明确具体因子；

(2) 明确具体指标；

(3) 动态产生激励；

(4) 动态记录响应。

该活动的输出是产生的仿真试验框架与试验结果数据，存入仿真资源库。

步骤 7：评估分析与计算。

根据“明确评估需求”活动产生的评估框架和“试验设计与运行”活动产生的动态激励-响应序列，“评估与分析”活动进行评估建模、试验结果处理与评估关系解算，产生最后的评估结论。具体说，评估与分析活动主要包括：

(1) 指标响应表达式；

(2) 评估关系表达式；

(3) 评估指标运算；

(4) 建立基础评估关系；

(5) 建立综合评估关系。

该活动的最终产品是评估的结论与建议，存入仿真资源库。

基于仿真评估的武器系统效能评估运作体系结构如图 4-2 所示。

4.2.4　多目标寻优法

武装直升机作战效能评估是对其作战能力的评估，而其作战能力取决于该直升机平台及其所搭载武器装备的关键性能参数指标的好坏。直升机的综合作战效能与装备的单项效能指标之间的关系要从两个方面看待：

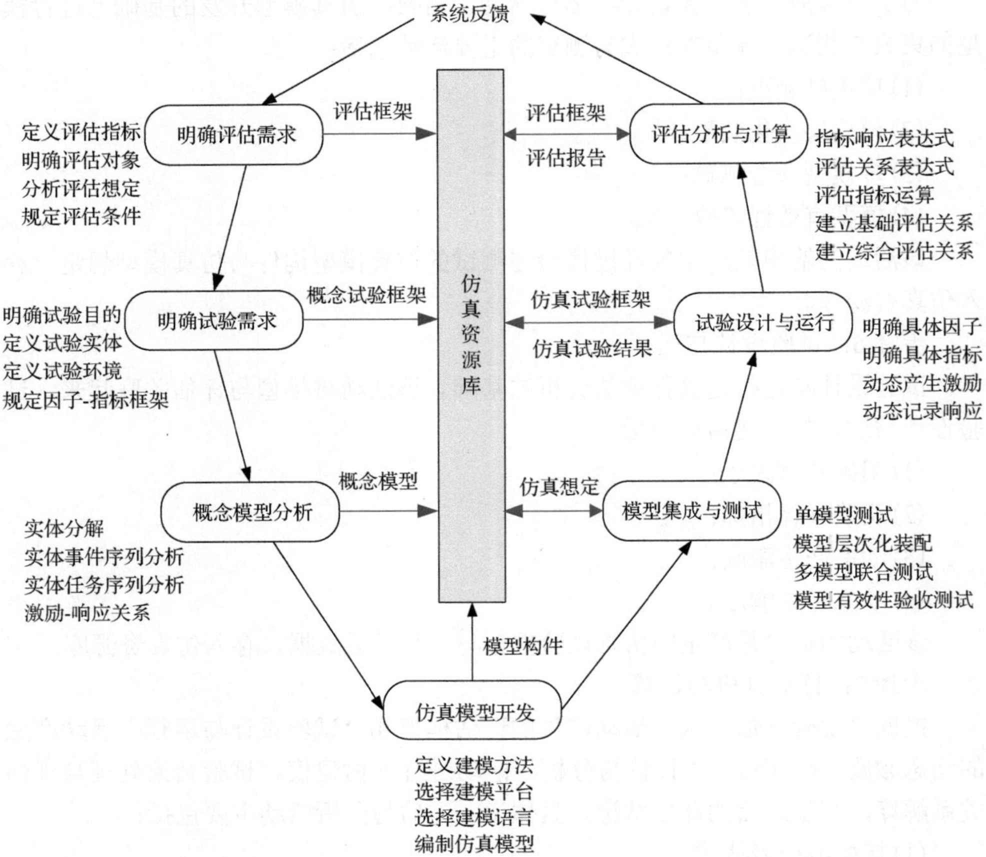

图 4-2　基于仿真评估的武器系统效能评估运作体系结构

一方面，所挂载装备的性能指标值越高，武装直升机的作战能力越强。由于当前技术水平和生产条件等的限制，武装直升机有很多装备的性能参数还有不小的提升空间。例如，武装直升机所挂载的激光照射器有一项重要的性能指标，即最大制导距离，如果该指标值为 8km，就限制了该型武装直升机最远能在距离目标 8km 处发射导弹进行攻击。若激光照射器的性能参数得以提高，则武装直升机就可以在更远的距离攻击目标，降低攻击目标时被敌方击落的概率。

另一方面，武装直升机的作战效能受到自身装备的其他能力指标值和敌方防御力量的制约，单一性能参数的好坏与直升机整体的作战能力并不呈现出完全的正相关关系。例如，当战场中敌方防空火力最大攻击距离仅为 5km 时，武装直升机激光照射器 8km 的最大制导距离已经够用了；若再提高这个性能参数值，有可能会因为攻击距离过远，反而使得瞄准误差增大而减小目标毁伤概率。

随着当前世界上军事装备技术(包括直升机技术、传感器技术和武器技术等)

的发展，对与直升机作战能力相关的一些关键性装备的性能参数可描述出一个可能的变化范围。影响直升机作战效能的关键性装备性能参数很多，必须从诸多参数值组合中选出作战效果最好的那一组参数值作为直升机的最优性能值，于是提出了直升机关键性装备性能参数的多目标寻优问题。

具体到武装直升机而言，关键性装备参数都是从不同方面对武装直升机的作战能力产生影响的，例如，武装直升机平台的最大速度影响其机动能力，进而影响其作战效能。按照装备能力对武装直升机作战效能影响方面的不同，可以对其进行分类。假设在某项评估活动中，可以将直升机的能力参数划分为 6 大类：①机动能力；②打击能力；③防御能力；④探测能力；⑤通信能力；⑥电子对抗能力。这 6 类能力还可以进一步细分为多个指标值。假定不同细分能力的参数之间相互独立，同一类能力参数值从同一个方面对武装直升机的作战效能产生影响，即归于机动能力的装备参数不会影响打击能力等其他能力。根据这一特性，我们可以保留同一细分能力下参数变化的组合形成的试验样本，去掉不同能力分类的参数变化组合形成的试验样本。这样试验过程就简化为：寻找每个能力分类下试验最优的参数组合，再将各个分类最优参数组合成整体的试验最优样本。这样既可以去掉无用的试验样本，提高试验效率，也不会影响最终试验结果。

由于我们并不知道每个参数对作战效果到底造成了多大影响，因此只能通过对每组参数进行仿真试验，通过试验结果的对比找到结果最优的那组参数值。多目标寻优方法的具体研究步骤是：

(1) 分析出影响直升机作战效能的关键性武器装备的技术性能指标。

(2) 结合当前的技术水平和生产制造能力，描述出各项装备关键性技术参数的变化范围。

(3) 通过计算机模拟仿真试验，将装备的性能参数与作战效能等进行相关性分析，寻找出作战仿真试验中作战效能最高的武装直升机装备的性能参数，即有一组直升机装备的参数可使其在作战仿真试验中表现出作战效果最好、作战能力最高，我们将该直升机称为试验最优直升机。

(4) 将特定型号的武装直升机与试验最优直升机的性能指标进行对比，为该型号武装直升机的改进和性能优化提供有效的数据支持。

具体的仿真试验中，将每组装备参数值按一定的规律组合构成一个试验样本，将此试验样本值作为作战仿真系统的输入，通过计算机模拟仿真来寻找最优的试验样本。在这个过程中涉及如何对试验样本的作战效果进行描述的问题。

在计算机模拟仿真试验中，统计每个试验样本的战损、战果和弹药消耗等数据，可使用加权公式(4-23)计算得到试验样本对应的作战效能值，通过该值的大小来描述试验样本的作战效果。

综合作战效能值用 A 表示，则有

$$A = P_1 \times w_1 + P_2 \times w_2 + P_3 \times w_3 \tag{4-23}$$

式中，P_1为红方任务完成率，且P_1=红方击毁敌方目标数/敌方总目标数；P_2为红方弹药留存率，且P_2=红方使用弹药数/红方投入总弹药数；P_3为红方存活率，且P_3=红方存活数量/红方总投入兵力；w_1、w_2、w_3分别为红方任务完成率、红方弹药留存率和红方存活率的权重系数。

在多目标寻优法中需要注意的是：

(1) 在开展仿真试验时需要对试验样本进行分析设计，识别出关键性的试验样本，去掉不必要的试验样本，以减少试验总次数，提高试验整体效率。影响直升机作战能力的装备性能参数有很多，每个参数在其变化范围内可取的值也很多，不同参数组合变化可以形成很多组装备参数，因此需要通过试验进行对比分析的参数组合十分庞大。虽然通过计算机模拟法可以完成大数据量的、重复性的仿真试验，但利用这些庞大的参数组合直接进行交互生成的试验样本数量非常庞大，这对整个计算机仿真系统是很大的负担，甚至可能由于试验累积误差过大而导致试验结果无效。

(2) 为避免仿真试验过程中偶然性因素对模拟结果的影响，通常需要先对每个试验样本开展若干次试验，过滤掉不合理甚至错误的试验结果，然后将所有的试验数据进行统计分析，取平均后作为该样本的作战模拟结果。

4.3 武装直升机作战效能仿真评估的方法与步骤

采用仿真法评估武装直升机的作战效能不仅是单纯构建和运行仿真系统的问题，还需要在消化吸收各类评估方法的基础上，综合运用解析计算法、性能参数法、试验统计法和多指标综合法进行指标体系设计、仿真系统构建、仿真试验运行和仿真结果分析。该过程可以概括成以下步骤。

步骤 1：构建武装直升机作战效能评估指标体系。

基于层次模型，按直升机基础性能(基础效能)、直升机整体性能(系统效能)、直升机作战能力(作战效能)等分层次构建武装直升机作战效能评估指标体系，采用解析计算法、性能参数法分析出各类指标间的关联关系、权重关系和映射关系。

步骤 2：建立作战仿真模型。

建立作战仿真模型是作战仿真的核心环节。需要建立的模型有 3 大类：

(1) 装备实体模型。在对武装直升机的任务目标、组成结构和工作原理进行分析的基础上，建立武装直升机整体及其各分系统的功能性能模型，准确描述各装备实体的属性和方法。

(2) 作战行动模型。基于典型作战想定和根据战术技术规则，建立武装直升机的作战行动模型。在作战行动建模中不仅要考虑己方的战技能力和装备协同情况，还要充分考虑战场环境、作战目标特性和对方兵力对作战行动的影响。

(3) 评估计算模型。采集到的装备战技性能指标数据和仿真试验数据众多，需要根据数据特点和分析评估的目的，设计或选取合适的评估计算模型，供后续的分析评估使用。

建模过程中要遵循建模的基本原则。既要满足作战仿真和分析评估的需要，也要进行适度的简化抽象，不能一味追求高分辨率、高精度的模型，以避免仿真运行过程中一致性维护困难、仿真效率低下和误差积累等问题。

步骤 3：构建仿真推演环境。

基于典型作战想定，设计仿真系统的软硬件结构，选择合适的仿真开发和运行平台，构建作战仿真推演环境。在搭建好仿真系统的硬件结构和仿真支撑平台后，所建成的仿真推演环境通常包括以下成员：

(1) 红方武装直升机及其编队成员；

(2) 红方指挥成员；

(3) 蓝方目标及对抗成员 (坦克、高炮等)；

(4) 蓝方指挥成员；

(5) 仿真管理成员；

(6) 战场环境成员 (地理、气象、电磁环境等)；

(7) 态势显示成员 (包括二维显示、三维显示等，可具有声、光、电等效果)；

(8) 数据采集与分析评估成员。

步骤 4：进行仿真试验设计。

根据仿真评估目的和预先设定的仿真评估思路，基于作战仿真推演环境设计仿真试验。主要设计内容有：

(1) 试验目的；

(2) 试验想定；

(3) 试验输入数据；

(4) 试验操作步骤；

(5) 试验过程采集和输出数据；

(6) 试验注意事项。

基于多目标寻优原则开展仿真试验时，需要基于基础效能指标 (即武器装备的模型参数) 进行分组，设计多组试验。对分属不同系统效能的评估目的，选择合理的设计方法、设计因子及样本值，形成大样本试验数据。

步骤 5：开展作战仿真试验。

根据所设计的试验，针对性地运行作战仿真系统，实施仿真推演过程，以获取评估所需数据。这些数据通常被实时采集并存放在数据库中，供后续分析评估使用，还可为仿真回放提供支持。

步骤 6：分析试验数据，形成试验结果。

采用合适的分析评估方法和借助专门的分析计算工具，对采集到的数据进行分析计算与综合，形成试验结论。

需要说明的是：不同的分析计算方法有其各自的特点和适用场合；采用不同的评估计算模型，形成的结论不完全一样。在实际使用中需要根据具体情况具体分析。

第 5 章　武装直升机作战的装备实体建模

建立系统的模型是进行作战仿真分析评估的基础和关键环节。本章结合武装直升机及武器系统的装备构成和作战使用特点，基于典型作战想定描述武装直升机对地攻击的作战过程，从装备结构、实体行为和作战行动 3 个层次构建武装直升机作战仿真模型体系。在此基础上，对直升机平台、任务设备模型和武器系统模型进行静态特性描述和动态行为描述，为建立武装直升机作战仿真系统中的参战实体模型奠定基础。

5.1　武装直升机作战仿真的模型体系

5.1.1　武装直升机对地攻击作战过程

作战想定：红方直升机大队接到上级命令，在离驻地 150km 处有一个蓝方坦克营在向红方机动，企图破坏红方的防御工事，命红方直升机大队进行拦截。红方直升机大队奉命派出武装直升机编队实施对地攻击作战，以粉碎蓝方的作战企图。

作战过程分析：红方直升机在接受任务后起飞，并按设定好的轨迹向坦克营方向飞行。在飞行中直升机不断计算自身与坦克营的距离，当与最近坦克的距离到达某个界限值 d_1 时，直升机航电系统启动搜索观瞄装置，发现并锁定目标，然后调整飞行姿态和轨迹，在适当的距离、速度和高度条件下选择某种方式攻击蓝方坦克。在直升机搜索攻击目标的过程中，当直升机和坦克之间的距离缩短到某个界限值 d_2 时(通常 $d_2 < d_1$)，坦克也会发现直升机，并实施机动规避和对抗攻击。直升机实施一次空地攻击过程后，对自身状态和攻击目标的毁伤情况进行分析评估，结合作战任务完成情况判断是否继续作战。如果继续作战则实施机动飞行，重复进行目标搜索和攻击；否则返航并退出战斗行动。直升机空地攻防对抗的过程如图 5-1 所示，点画线部分表示直升机在作战过程中与坦克进行的数据交换。

5.1.2　武装直升机作战仿真的模型体系结构

建立武装直升机作战仿真系统时，必须合理构建仿真系统的模型，包括装备实体模型、作战行动模型，以及模型之间的相互关系等。本书从武装直升机的使命任务和功能实现角度，将武装直升机作战仿真的模型体系划分为三个层次，如图 5-2 所示。

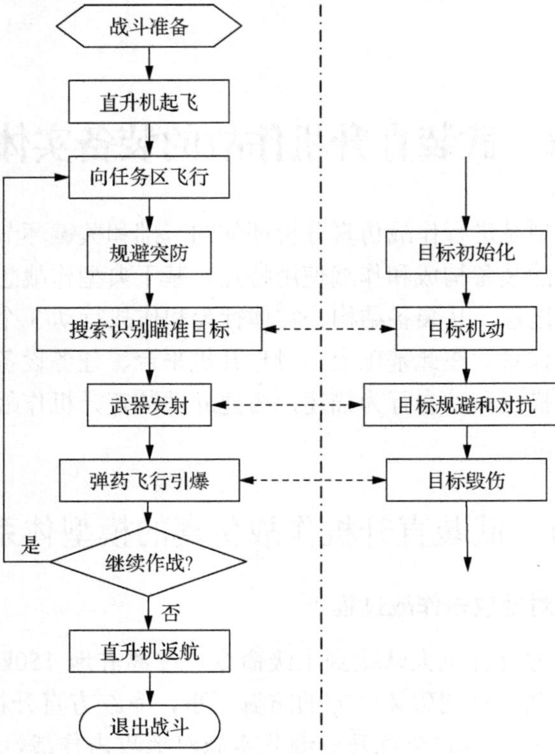

图 5-1　直升机空地攻防作战过程

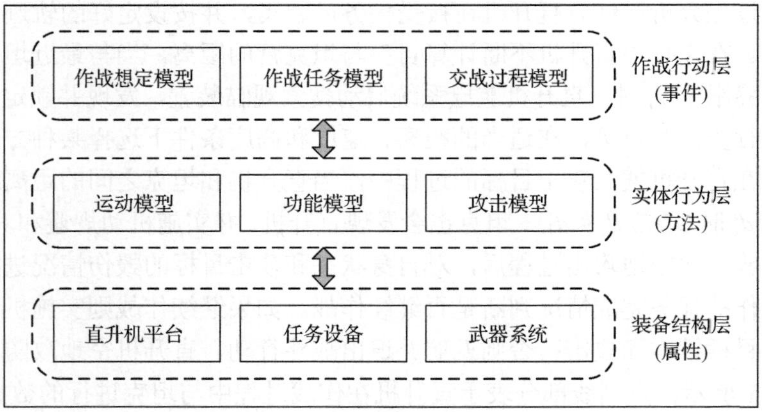

图 5-2　武装直升机作战仿真的模型体系结构

(1)装备结构层，通过建立对象实体、定义实体属性等方法描述武装直升机的装备组成和主要的功能性能。武装直升机主要由直升机平台(含发动机)、任务设备(通信、导航、观瞄、告警等)和各类武器系统(航炮、航枪、空地导弹、空空导弹、火箭弹等)组成；其中任务设备和武器系统挂在直升机平台上，直升机平台的位置、姿态等属性被任务设备和武器系统继承。

(2)实体行为层，通过为装备实体定义方法函数来描述实体的行为，如直升机起飞、调整航向、沿航线飞行、向目标飞行、悬停、着陆等平台运动；雷达探测、雷达告警、目标瞄准、激光测距等任务设备的功能实施；以及武器系统的发射、炮弹飞行、战斗部引爆等攻击过程。

(3)作战行动层，主要指作战任务的描述和下达，参战实体和战场环境描述，以及作战实施过程等；通过一系列逻辑事件来描述。

图 5-2 中的装备结构和实体行为紧密相关，可看成是装备实体的静态性能模型和动态行为模型。武装直升机装备实体及实体行为模型的构成如图 5-3 所示。

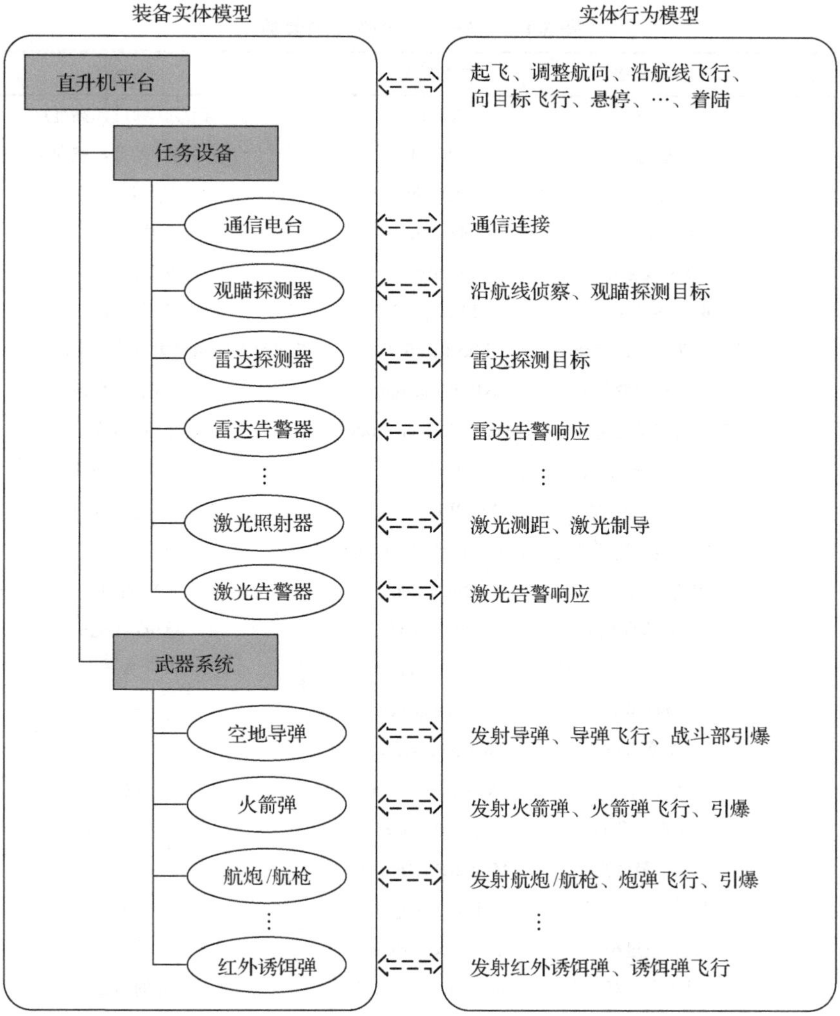

图 5-3 武装直升机装备实体及实体行为模型的构成

5.2 直升机平台模型

为武装直升机定义直升机平台模型，模型的静态特性(包括实体状态信息和战术技术指标等)通过一系列参数进行描述，动态行为由逻辑图表示。

5.2.1 直升机平台的静态描述

直升机平台的静态特性及其转换用参数表示，包括输入参数、输出参数和内部接口参数等，见表 5-1。

表 5-1 直升机平台模型的参数

参数类别	参数名称	参数符号	备注
输入参数	位置	Position	(经度，纬度，高度)
	姿态	Attitude	(倾斜，俯仰，航向)
	速度	Velocity	(V_x，V_y，V_z)
	最大加速度	MaxDecel	单位：m/s^2
	最大减速度	MaxAccel	单位：m/s^2
	最大移动速度	MaxSpeed	单位：m/s
	最大运动方向调整速率	MaxTurnRate	转弯时方向角最大变化速率，单位：(°)/s
	最大旋转角变化率	MaxRollChangeRate	单位：(°)/s
	最大俯仰角变化率	MaxPitchChangeRate	单位：(°)/s
	最大俯仰角变动范围	MaxPitch	保持高度不变时
	旋翼最大加速率	MaxWingAccel	单位：r/s^2
	起飞所需最小旋翼转速	MinUpRightWingRate	单位：r/s
	燃油携带量	OilCarried	单位：L
	每公里燃油消耗	OilPKiloM	单位：L/km
	燃油告警百分比门限值	OilLimit	%
	人员携带量	PersonCarried	—
	武器携带量	WeaponCarried	—
	物资携带量	MaterialCarried	单位：t
	最大垂直上升速率	UpRightSpeed	单位：m/s
	安全飞行最低高度	MinSafeFlyHeight	单位：m
	动升限(最大海拔)	MaxFlyHeight	单位：m
	最大正过载	MaxUpOverload	g 的倍数
	最小负过载	MinDownOverload	g 的倍数
	额定功率时的喷口温度	NozzleTemp	单位：℃
	发动机喷口面积	NozzleArea	单位：cm^2

续表

参数类别	参数名称	参数符号	备注
输出参数	执行某一动作的结果	ActionState	执行成功、失败
	发动机红外辐射强度	radioIntension	单位：W/SR
内部接口参数	飞行航线 ID	LaneID	沿航线飞行行为参数(MoveInlane)
	沿航线飞行速度	FlySpeed	
	沿航线飞行离地高度	FlyHeight	
	当前航路点编号	StartLaneIndex	
	仿真步长	Dt	
	是否由其他动作返回	bInterrupt	
	目标位置	TarPos	向某一位置点运动参数(MoveToPosition)
	要求的运动速度	CmdSpeed	
	要求的飞行离地高度	FlyAGL	
	飞行方向	FlyDir	按给定方向飞行参数(Fly)
	步长	Dt	
	飞行速度	FlySpeed	
	飞行方向	FlyDir	飞行方向检测参数(ManageDirection)
	步长	Dt	
	飞行速度	FlySpeed	
	悬停点的经纬度	HoveCoor	悬停行为参数(Hover)
	悬停朝向	HoverHeading	
	悬停离地高度	HoverAGL	
	悬停时间	HoverTime	
	起飞要求速度	CmdSpeed	起飞行为参数(TakeOff)
	起飞高度	TakeOffALT	
	起飞时间	TakeOffTime	
	滑跑距离	SlideDistance	
	着陆点坐标	LandCoor	着陆行为参数(Land)
	着陆后直升机朝向	LandHeading	
	目标海拔	FlyMSL	俯冲、跃升行为参数(Zooming)
	要求速度	CmdSpeed	
	截击目标 ID	TargetID	截击行为参数(Intercept)
	要求的飞行方向	FlyDir	贴地飞行(FollowTerrain)
	要求的飞行速度	CmdSpeed	
	贴地飞行离地高度	CmdAGL	
	辐射波长	WaveLength	该波长对应辐射强度

5.2.2　直升机平台的动态行为

直升机平台的动态行为包括直升机起飞、调整飞行高度、调整航向、沿航线飞行、向目标飞行、悬停和着陆等。

1. 直升机起飞

直升机接到起飞指令后，进入等待起飞状态；到达起飞出发时间后，直升机实体向其直接上级汇报并执行起飞逻辑模型；起飞过程结束后，向直接上级报告起飞执行情况(成功、失败)，再执行后续动作。起飞行为的逻辑模型如图5-4所示。

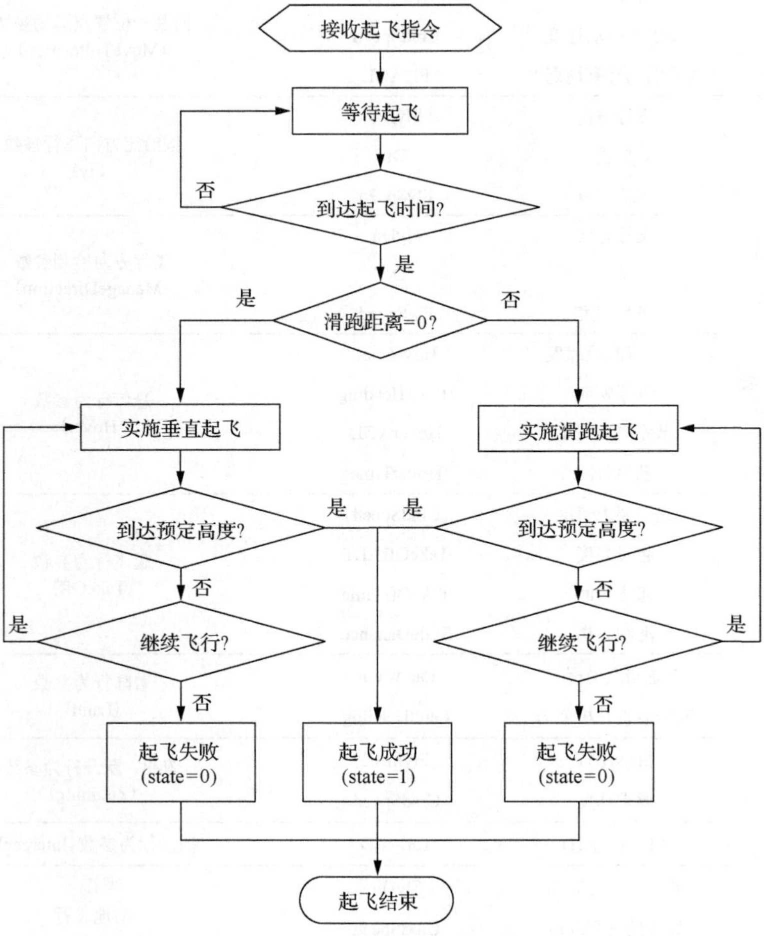

图 5-4　直升机起飞行为模型

2. 沿航线飞行

直升机执行沿航线飞行指令时，先计算本机与目标区(待机区)的距离，如果得出本机在待机区内，则直接进入待机调整状态；否则读取航线信息，计算飞向待机区所需经过的航路点，然后沿航路点飞行进入待机区，并上报沿航线飞行的执行情况。直升机沿航线飞行的逻辑模型如图 5-5 所示。

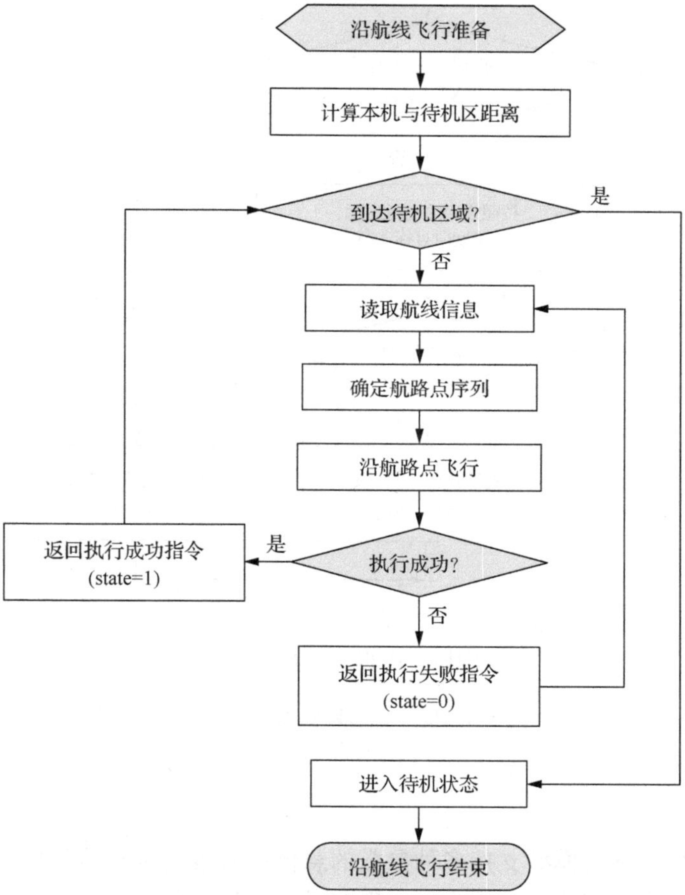

图 5-5　直升机沿航线飞行行为模型

3. 向目标飞行

当直升机发现任务目标后首先要执行该行为来靠近任务目标，限制距离一般取直升机的最大有效攻击距离。这样能够保证直升机更加安全地完成攻击任务。直升机向目标飞行的逻辑模型如图 5-6 所示。

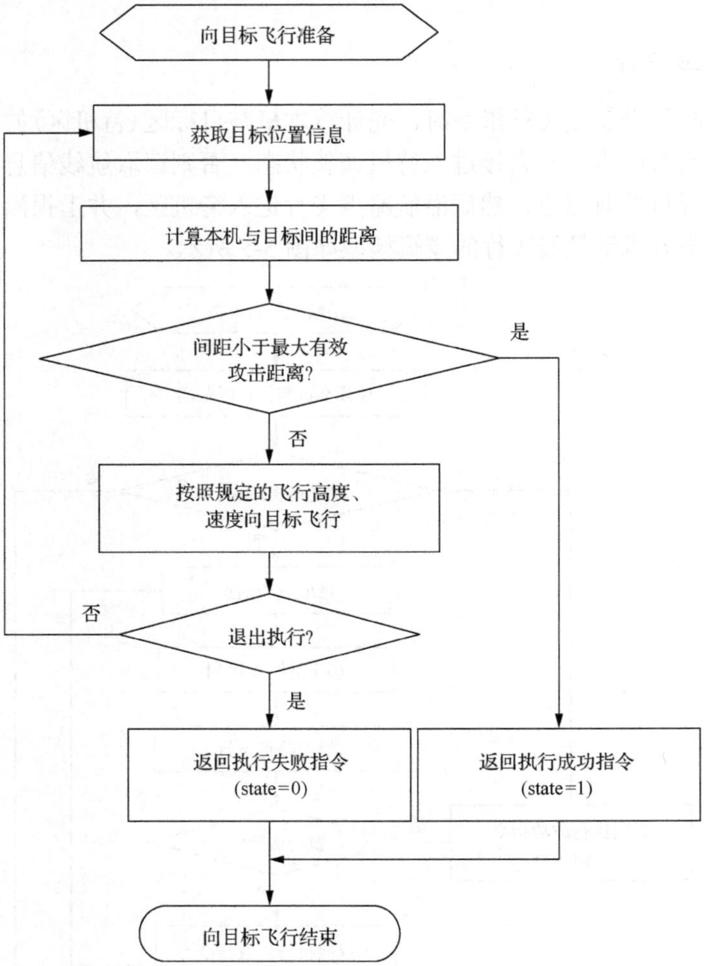

图 5-6　直升机向目标飞行行为模型

4. 悬停

直升机悬停行为模型支持多种参数的悬停：若没给定悬停坐标，则直升机就地最大减速悬停；若给定悬停坐标，则直升机减速飞行至该位置，然后悬停；若没给定悬停高度或方向角，则按照直升机当前值悬停；若悬停时间不给定，则悬停不会结束直到油料耗尽被迫着陆。直升机悬停的逻辑模型如图 5-7 所示。

5. 着陆

直升机着陆行为模型(图 5-8)与悬停行为模型类似，也支持多种参数的着陆行为。若没有给出着陆点坐标，则就地减速悬停后降落；若没限定着陆后方向角，则以当前方向角为降落后朝向。

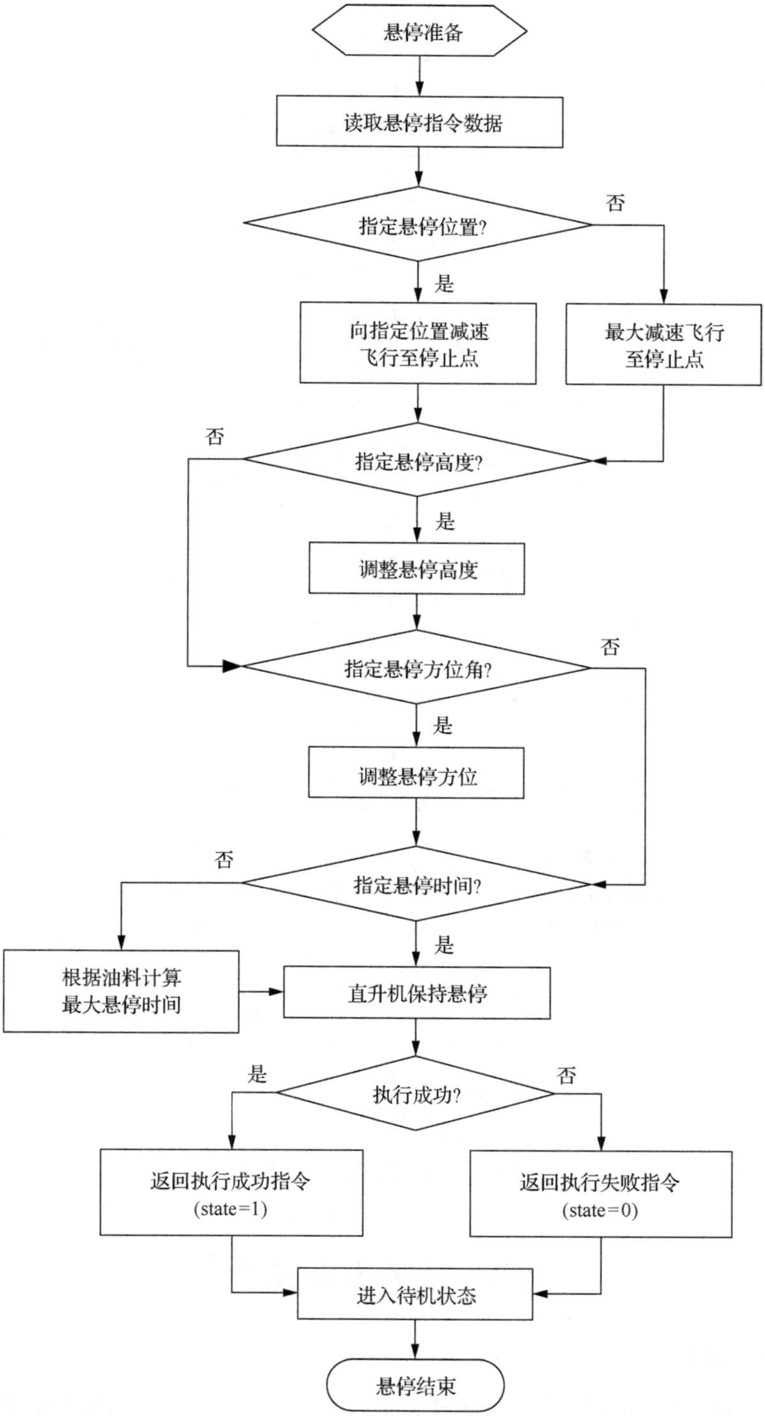

图 5-7　直升机悬停行为模型

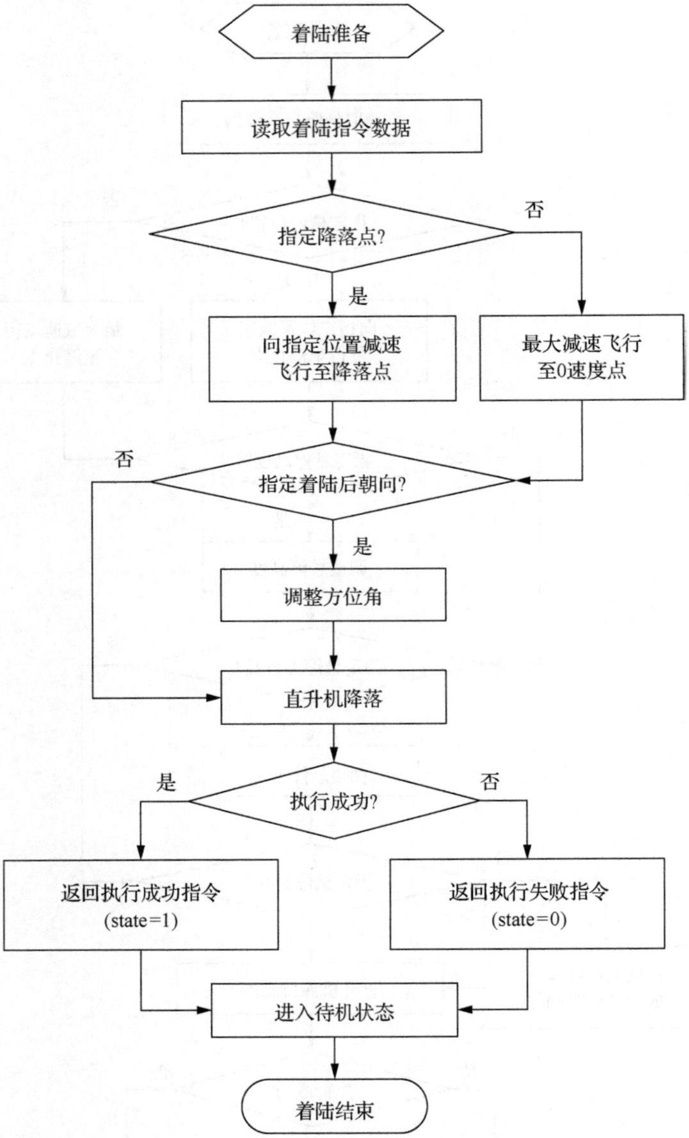

图 5-8　直升机着陆行为模型

5.3　任务设备模型

5.3.1　通信设备

考虑电磁诱导导致的接收机噪声，若信噪比高于门限值，则通信连通，否则不通。春夏秋冬、白天、晚上接收机噪声会影响通信能力(MaxRate)、连通率(自动换频 100)。简易通信设备的模型参数见表 5-2。

表 5-2　简易通信设备的模型参数

参数类别	参数名称	参数符号	备注
输入参数	频率	Frequency	单位：MHz
	带宽	Band	单位：MHz
	信噪比门限	SNRThreshold	单位：dB
	接收机噪声系数	NoiseFigure	
	接收机噪声	Noise	单位：dB
	是否自动选频	bSel	
	是否有盲区距离	bdeadZoneDis	
	最大通信带宽	MaxRate	127/123
	正常通信所需接收最小信号强度	SignalPower	单位：dB
输出参数	通信质量	Quality	0-断开；1-完全连通
内部接口参数	电磁干扰	Elet	

超短波通信设备的模型参数见表 5-3。首先通过视距通信距离计算公式计算其最大通信距离，然后与地面指挥所距离进行比较，得出通信链路是否连通。当受到干扰，通信中断后，若是跳频模式，则会按照通信频段改变通信频率尝试连接。

表 5-3　超短波通信设备的模型参数

参数类别	参数名称	参数符号	备注
输入参数	常用工作频率	Fre	单位：MHz
	天线高度	AntennaHei	单位：m
	发射机发射功率	P	单位：W
	接收端灵敏度	a	单位：μV
	接收端负载	R	单位：Ω
	是否跳频	bHop	
	最大传输速率	Rate	单位：bit/s
	地面指挥的位置	CmmPos	
	地面指挥的天线高度	AntiHei	单位：m
	通信频段列表	FreList	
输出参数	与地面指挥所的通信连接状态	State	1-连通；0-中断

通信频段信息参数见表 5-4。

表 5-4 通信频段信息参数

参数名称	参数符号	备注
频段下限	LowFre	单位：MHz
频段上限	HighFre	单位：MHz
该频段最大数据传输速率	MaxRate	单位：bit/s

5.3.2 观瞄系统

观瞄系统受自然天气的影响比较大，因此要先获得观瞄系统所在区域的能见度，作为其实际最大探测距离。判断目标能否被观瞄传感器发现，需要满足的条件有：目标应在视觉传感器探测俯仰、方向范围内，目标应在其实际最大探测距离内，目标与观瞄传感器之间要直接可视(中间无地势起伏阻挡光线直线传播)。最后还要考虑目标的隐蔽性，即目标被观瞄传感器探测发现的概率。观瞄系统的模型参数见表 5-5。

表 5-5 观瞄系统的模型参数

参数类别	参数名称	参数符号	备注
输入参数	最大探测距离	MaxDistance	单位：m
	扫描周期	ScanPeriod	单位：s
	视点高度	EyeHeight	单位：m
	扫描方位角范围	Azimuth	–m_Azimuth/2 至 m_Azimuth/2
	扫描俯仰角范围	Elevation	–m_Elevation/2 至 m_ Elevation /2
	指向方位角	PointingAzimuth	单位：(°)
	指向俯仰角	PointingElevation	单位：(°)
	指向模式	PointingMode	0-固定指向；1-相对于载体
	视觉瞄准在距目标 500m 处的指示误差	TVDirectError	单位：m
	视觉瞄准指示误差增加斜率	TVDirectSlope	距离每增加 1m，误差的增大值
	最大瞄准指示距离	MaxDirectDis	单位：m
输出参数	探测到的实体数量	ItemCount	
	探测到的实体信息列表	ItemList	
	视觉传感器实际探测距离	RealDis	单位：m
	瞄准指示误差	DirectError	
内部接口参数	实体隐蔽特征值	GuiseGrade	
	根据想定气象条件获取的能见度值	Visibility	

观瞄系统瞄准时，认为它产生的瞄准指示误差——数值随着与目标距离的增加线性增大(一次函数关系)。计算它的瞄准误差时，先计算直升机与目标间的距

离，然后根据该关系计算瞄准误差。观瞄探测的计算过程如图 5-9 所示，其中实体隐蔽特征值指有效隐蔽距离的百分比和隐蔽时被探测发现的概率。

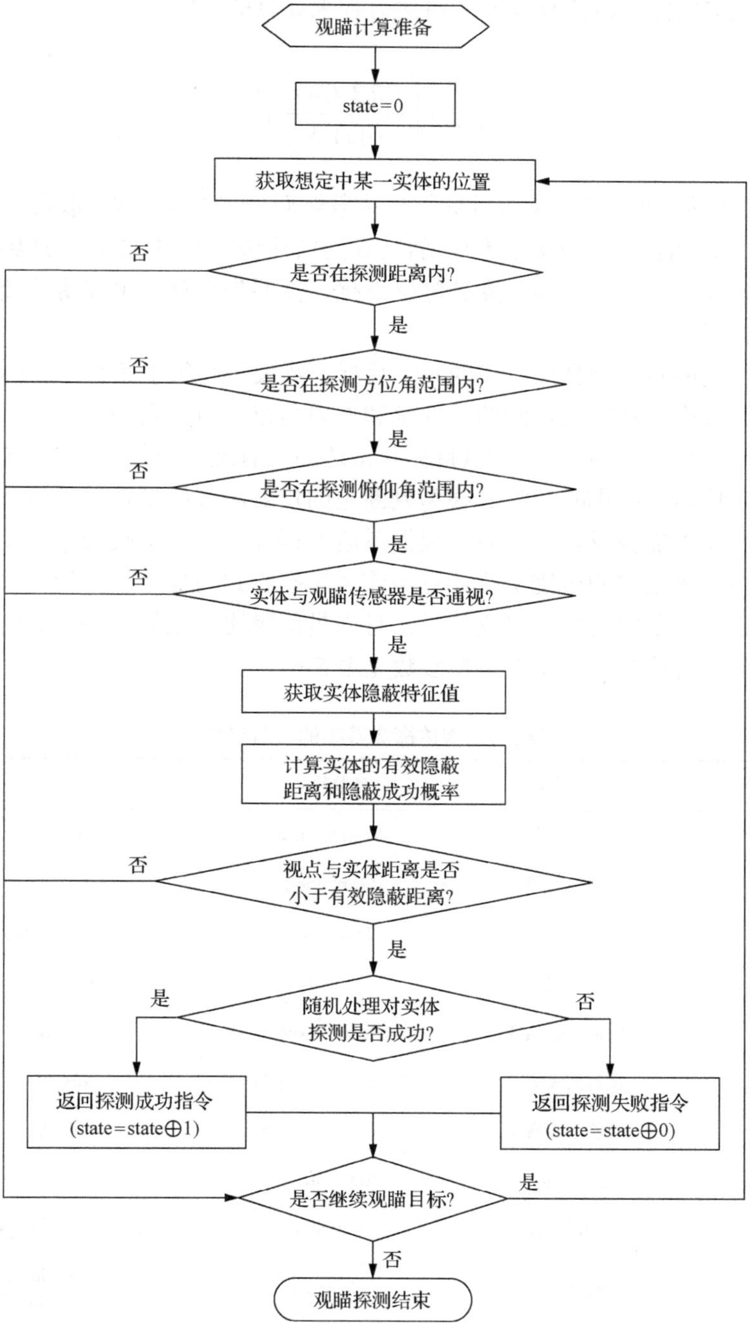

图 5-9　观瞄探测的计算过程

5.3.3 雷达探测器

雷达当前实际探测距离是基于雷达方程来计算的，即

$$R_{\max}=\left[\frac{PRB^2G_1G_2}{(4\pi)^3S}\right]^{\frac{1}{4}}$$

式中，P 为雷达发射功率；R 为目标的雷达散射面积(RCS)，这里取典型值$(2m^2)$；G_1 为发射天线增益；G_2 为接收天线增益；B 为雷达波长(可根据雷达波频率计算)；S 为最小接收目标信号。由于受到电磁干扰，需要先计算电磁在雷达接收机处的噪声，再计算 S。

判断雷达能够探测到想定中的某一目标，需要满足很多条件：目标应在雷达最大探测距离内，在雷达探测的俯仰角和方向角范围内，它的高度高于雷达最小探测高度，它与雷达间直接可视(目标与雷达间没有地势阻挡雷达波传输)。目标满足上述条件后，再根据其 RCS 模型判断它的反射波波段是否与雷达波波段有重叠，有重叠才可能被发现。最后，根据雷达方程计算雷达接收的目标反射信号强度，并且根据想定中的电磁干扰计算当前雷达接收到的噪声，并计算信噪比。若反射信号强度大于雷达最小接收信号，且满足信噪比门限值，则反射信号就会被雷达探测到。雷达探测系统的模型参数见表 5-6。

表 5-6 雷达探测系统的模型参数

参数类别	参数名称	参数符号	备注
输入参数	最大探测距离	MaxDistance	单位：m
	扫描周期	ScanPeriod	单位：s
	频率	Frequency	单位：MHz
	带宽	Band	单位：MHz
	发射功率强度	TransPower	dB(W)
	发射天线增益	TransAntennaGain	dB(W)
	接收天线增益	RecAntennaGain	dB(W)
	天线高度	AntennaHei	
	扫描方位角范围	Azimuth	–m_Azimuth/2 至 m_Azimuth/2
	扫描俯仰角范围	Elevation	–m_Elevation/2 至 m_ Elevation /2
	最小探测高度	MinHeight	单位：m

续表

参数类别	参数名称	参数符号	备注
输入参数	信噪比门限	SNRThreshold	单位：dB
	接收机噪声系数	NoiseFigure	
	指向方位角	PointingAzimuth	单位：(°)
	指向俯仰角	PointingElevation	单位：(°)
	指向模式	PointingMode	0-固定指向；1-相对于载体
	最小信噪比	MinSNR	
	接收机噪声	Noise	
	最小接收信号	MinRecSignal	
	接收频率下限	LowFreq	
	接收频率上限	HighFreq	
输出参数	探测到的实体数量	ItemCount	
	探测到的实体信息列表	ItemList	
	雷达实际探测距离	RealDis	单位：m
内部接口参数	实体的 RCS 值	RCS	
	想定中的电磁干扰	Elect	

探测得到的实体信息会存入一个 CdetectItem 类型的列表，CdetectItem 信息结构见表 5-7。

表 5-7　雷达探测实体的信息列表

参数名称	参数符号	备注
对象类型	ObjectType	1-兵力实体 CentityModel; 2-目标实体 CtargetModel; 3(不用)-区域 CareaModel
对象 ID	ObjectID	
位置(地心坐标系)	ECRPosition	
速度(地心坐标系)	ECRSpeed	

雷达探测的计算过程如图 5-10 所示。

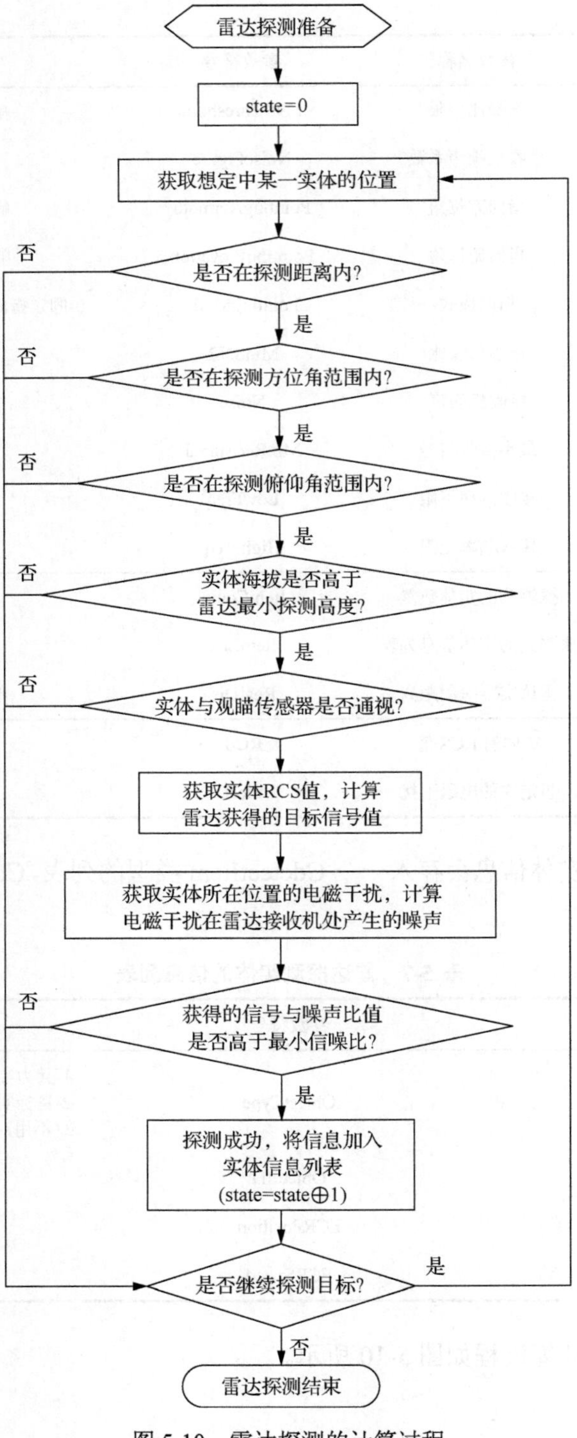

图 5-10　雷达探测的计算过程

5.3.4　雷达告警器

雷达告警器是被动感知目标；只有当雷达波探测到它时，它才能感知到发出雷达波的敌方目标的存在，并发出警告。与激光告警器类似，雷达告警器的感知距离要比雷达的探测距离更远。假设雷达探测距离为 L，雷达告警器感知距离为 Coe×L(Coe>1)，直升机与雷达间距为 S。只要 S<Coe×L，雷达告警器就会发出警报；若同时 S>L，则敌方目标还没发现直升机，为直升机主动规避赢得了时间。

雷达告警系统的模型参数见表 5-8。

表 5-8　雷达告警系统的模型参数

参数类别	参数名称	参数符号	备注
输入参数	探测频率范围 1 下限	LowFreq1	单位：MHz
	探测频率范围 1 上限	HighFreq1	单位：MHz
	探测频率范围 2 下限	LowFreq2	单位：MHz
	探测频率范围 2 上限	HighFreq2	单位：MHz
	探测方位角范围	Azimuth	–m_Azimuth/2 至 m_Azimuth/2
	探测俯仰角范围	Elevation	–m_Elevation/2 至 m_ Elevation /2
	探测系数	Coe	被动感知雷达波的极限距离与该雷达探测距离的比值
输出参数	雷达波来源的方位角	Dir	单位：(°)

雷达告警系统的处理过程如图 5-11 所示，其中告警器对雷达设备的探测距离计算式如下：

$$探测范围=作用系数\times照射器工作距离$$

告警时结合告警器的角分辨率可以计算威胁目标的大致方位。

5.3.5　激光照射器

激光照射器的作用距离是其在理想条件下的最大工作距离，它的实际有效距离受天气的影响。根据它的工作波长，并结合想定气象条件计算出其实际的工作距离。雨、雪、冰雹、雷雨等天气对激光的散射、吸收作用很大，激光有效传播距离受到很大影响，被限定在能见度范围内。波长为 10μm 的激光对于雾的穿透能力强，作用距离所受影响较小，波长为 1μm 的激光穿透能力差，作用距离被限制在能见度范围内。激光照射器的模型参数见表 5-9。

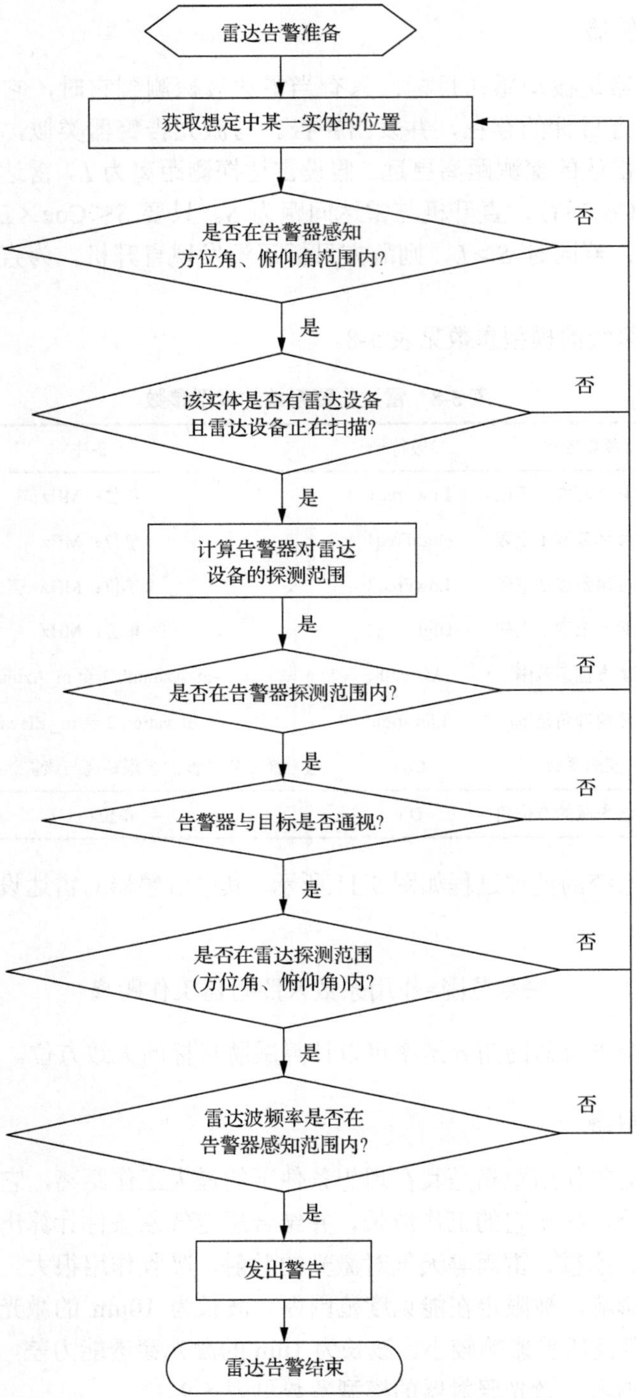

图 5-11　雷达告警的处理过程

表 5-9　激光照射器的模型参数

参数类别	参数名称	参数符号	备注
输入参数	激光照射器工作波长的下限	Lowwave	单位：μm
	激光照射器工作波长的上限	Hightwave	单位：μm
	照射方位角范围下限	LowAzi	
	照射方位角范围上限	HightAzi	
	照射俯仰角范围下限	LowPit	
	照射俯仰角范围上限	HightPit	
	作用距离	Dis	最大有效距离
	照射方向	Dir	
	具体用途	Role	包括激光测距和激光制导
	发射端光强	TransLightPower	单位：dB
	用作制导时最小的光强	MinLightPower	单位：dB
输出参数	有效照射距离	RealDis	能发射激光制导导弹的距离
内部接口参数	降雨率	Precipitation	环境条件为降雨
	能见度	Visibility	环境条件为雾
	沙尘程度	Sandstorm	沙尘模型

在计算能否对目标使用激光照射时会计算目标与直升机是否通视。

在直升机激光源与目标之间具有通视条件的情况下，还需结合环境的传输特性计算实际照射距离。

受雨、雾、沙尘、降雪等天气的影响，激光在大气中传播时，部分能量被大气分子、雨滴、雪等粒子吸收和散射，激光整体能量随着传播距离的增大而衰减。根据朗伯-比尔定律，在大气介质均匀的假定条件下，单色光的大气透射率可表示为

$$\tau(\lambda)=\frac{I(\lambda)}{I_0(\lambda)}=\exp\left(-\int_0^L \gamma(\lambda,z)\mathrm{d}z\right)=\exp[-\gamma(\lambda)\cdot L] \tag{5-1}$$

式中，$I(\lambda)$ 是波长为 λ 的激光在大气中传输距离 L 后的光强；$I_0(\lambda)$ 是激光发射端的光强；$\gamma(\lambda,z)$ 为距离发射端 z 处的大气衰减系数。通常人们习惯用分贝表示大气衰减系数：

$$A_{大气} = -10\lg\frac{I(\lambda)}{I_0(\lambda)} = \frac{10}{\ln 10}\gamma(\lambda) = 4.343\gamma(\lambda) \tag{5-2}$$

大气透射率 $I(\lambda)$ 和大气衰减系数 A 只是在数值和单位上的变换，同样描述了单位距离 (L=1km) 大气对光波信号的衰减程度。在一般大气窗口频率下，气体分子的散射和吸收对激光的衰减相对于雨滴、沙尘、雾粒子等引起的衰减可以忽略。

研究表明，降雨对激光造成的衰减主要取决于雨滴的尺寸分布、散射和吸收截面。在可见光到远红外光区约 10μm 的波长范围内，雨滴引起的激光衰减与光波长的依赖关系不明显。在工程中通常用降雨率来估算雨滴的衰减系数：

$$A_{雨} = 0.29 + \frac{R_{雨}}{2.53} - \left(\frac{R_{雨}}{20.3}\right)^2 \tag{5-3}$$

式中，$R_{雨}$ 是降雨率 (mm/h)。根据实际经验，小雨时激光信号的衰减明显大于暴雨时的衰减，小雨粒子各个方向的散射强度明显大于大雨粒子。该经验公式的结论反映了这一变化趋势。

雾是由悬浮在近地面空气中缓慢沉降低的微小水滴或冰晶等组成的一种胶体系统，是近地面层空气中水汽凝结 (或凝华) 的产物。根据能见度 V 的不同可将雾分为重雾 (V＜50m)、浓雾 (50m＜V＜200m)、大雾 (200m＜V＜500m)、轻雾或霭 (V＞1km)，雾滴的半径通常为 1～10μm，在形成初期或消散过程中雾滴半径可能小于 15μm，能见度 V＜50m 时雾滴半径可达 20～30μm，能见度 V＞100m 时雾滴半径大多小于 8μm。雾的含水量用 W 表示，单位 g/m^3。

内陆地区的雾又称辐射雾，它的含水量能见度经验公式为：W=0.00316V–1.54 (单位 g/m^3)。

雾滴尺寸分布使用最多的是广义 Gamma 分布，表达式为：$n(r)=ar^{\alpha}\exp(-br^{\beta})$，$n(r)$ 指单位体积、单位半径间隔内的雾滴数，a、b 分别为形状参数和尺度参数，r 是雾滴半径。广泛使用的雾滴谱模型为 α=1、β=2 的 Gamma 分布 (Khragian-Mazin 模型)。结合辐射雾的能见度 V 和含水量 W 关系式得到辐射雾的雾滴尺寸分布如下：

$$n(r) = 3.104\times 10^{10}\times V^{1.7} r^2 \exp(-4.122V^{0.54} r) \tag{5-4}$$

激光衰减与雾的浓度、能见度、液态含水量有很大关系，这些参数又易测量，因此基于能见度的经验公式在工程中广泛应用。雾的衰减模型中有一种 Kim 模型，衰减系数为

$$A_{雾}=\frac{3.912}{V}\left[\frac{0.55}{\lambda}\right]^{q}\frac{n!}{r!(n-r)!} \tag{5-5}$$

式中，V 是能见度，km；λ 是光的波长，μm；q 是与能见度有关的常数：

$$q=\begin{cases}1.6, & V>50\\ 1.3, & 6<V\leqslant 50\\ 0.16V+0.34, & 1<V\leqslant 6\\ V-0.5, & 0.5<V\leqslant 1\\ 0, & V\leqslant 0.5\end{cases} \tag{5-6}$$

5.3.6　激光告警器

当有激光束照射到直升机上时，激光告警器就会发出警告。它不会主动去探测发出激光束的目标，只是在敌方激光照射器对其发出激光束时，才会感应到敌方目标的存在。作用系数一般大于 1，假设激光照射器的工作距离为 L，激光告警器的作用系数为 Coe(Coe＞1)，直升机与照射器距离为 S，当 $L<S<L\times$Coe 时，敌方激光束照向直升机但不能发现直升机，而直升机的激光告警器会发出被敌方激光照射的警告。激光告警器的模型参数见表 5-10。

表 5-10　激光告警器的模型参数

参数类别	参数名称	参数符号	备注
输入参数	激光告警器工作波长的下限	Lowwave	单位：μm
	激光告警器工作波长的上限	Hightwave	单位：μm
	反应时间	delayTime	从激光束照射到飞机上到发出警报的时间
	探测方位角范围下限	LowAzi	
	探测方位角范围上限	HightAzi	
	探测俯仰角范围下限	LowPit	
	探测俯仰角范围上限	HightPit	
	作用系数	Coe	探测距离与敌方激光作用距离的比值
	角分辨率	DisRatio	分析激光束来向时的误差
输出参数	照射激光的来源方位角	Dir	单位：(°)

激光告警系统的响应过程如图 5-12 所示。

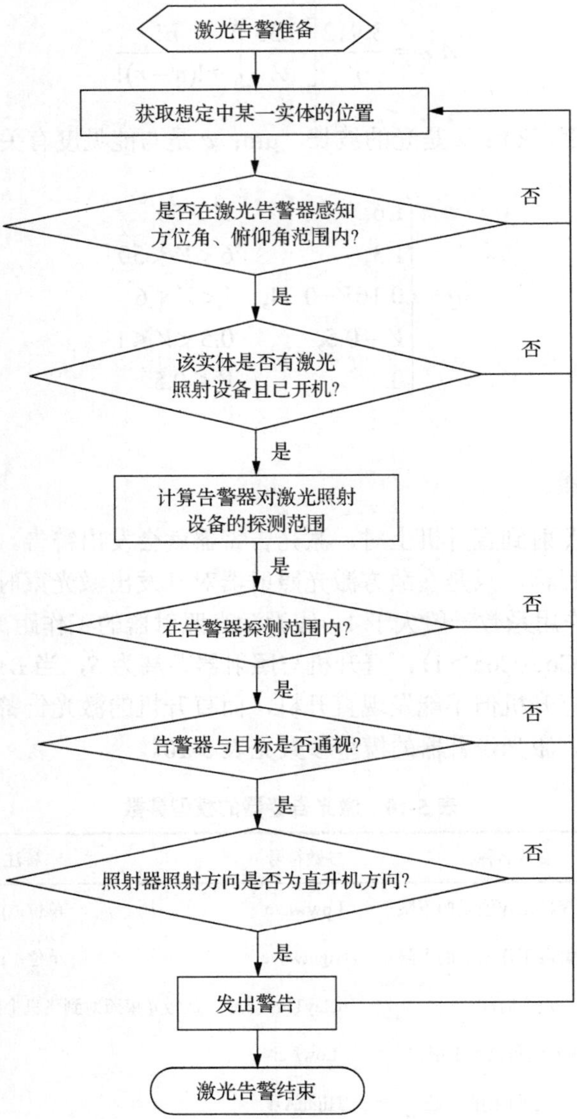

图 5-12　激光告警系统的响应过程

5.4　武器系统模型

5.4.1　空地导弹

空地导弹武器系统采用激光半主动制导和末段比例导引控制规律。导弹以一定的射角发射后，开始向上爬升，当爬升至给定的高度时，转入程控平飞段，导引头开始等待捕获目标。当目标进入导引头捕获域后，导引头解锁启动，并在不断跟踪目标的同时，输出目标视线角速度信号给弹上计算机，弹上计算机将其与陀螺仪输出的弹体姿态信号按控制律综合后，形成比例导引控制指令，控制导弹飞行并摧毁目标。

空地导弹的模型参数见表 5-11。

表 5-11　空地导弹的模型参数

参数类别	参数名称	参数符号	备注
输入参数	最大速度	MaxSpeed	单位：m/s
	最小射程	MinRange	单位：km
	最大射程	MaxRange	单位：km
	燃料质量	FuelWeight	单位：kg
	净重	EmptyWeight	导弹(包含燃料)总量
	最大过载	MaxG	
	最大推力	Thrust	单位：N
	发动机工作时间	BurnTime	单位：s
	最长飞行时间	FlightTime	单位：s
	导弹横截面积	RefArea	单位：m^2
	圆概率偏差	CEP	单位：m
	比例值	K	比例引导法中的比例值
	计算轨迹的时间步长	M_h	
	导弹发射点海拔	FireALT	
	初始目标瞄准线角度	m_q	
	弹头朝向与水平的初始夹角	Sigma	
输出参数	导弹发射后的轨迹点，每隔仿真步长时间取一次	m_Pos	
	发射后每个步长的速度值	m_Vel	与轨迹点对应

根据比例导引法计算空地导弹的飞行轨迹时，需建立导弹与目标之间的相对运动方程。设在某一时刻，目标点位于 T 点位置，导弹处于 M 点位置，导弹和目标之间的相对运动方程可以用定义在攻击平面内的极坐标参量 r、q 的变化规律来描述，如图 5-13 所示。

图 5-13 中，MT 称为目标瞄准线，O_Dx_D 为基准线(或参考线)。O_Dx_D 可以任意选择，而不影响导弹和目标之间的相对运动特性，只影响相对运动方程式的繁简程度；若目标是直线运动，则选取目标的运动方向为基准线方向最为简便。图 5-13 中所示的参量分别定义如下：

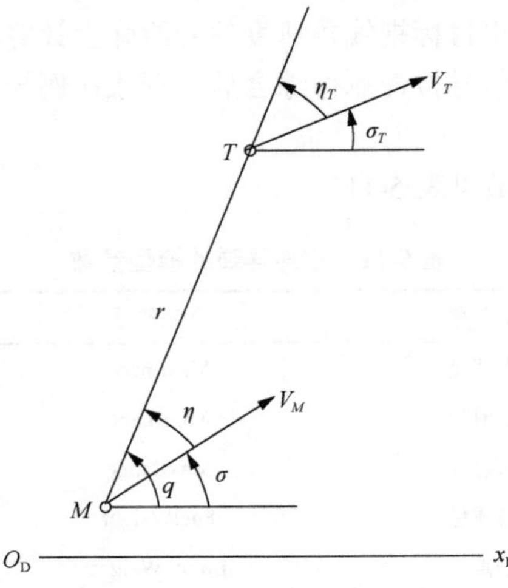

图 5-13　导弹与目标的相对位置

r 为导弹至目标所在位置的距离。导弹命中目标时 r=0。

q 为目标线方位角(简称目标线角)，指目标线与攻击平面内某一基准线 O_Dx_D 之间的夹角。以导弹所在位置为原点，若从基准线逆时针旋转到相对距离矢量 r 上时，则 q 值为正。

σ、σ_T 为导弹弹道角和目标航向角，分别为导弹速度矢量、目标速度矢量与基准线之间的夹角。分别以导弹、目标所在的位置为原点，若由基准线逆时针旋转到各自的速度矢量上时，则 σ、σ_T 为正值。

η、η_T 为导弹速度矢量前置角和目标速度矢量前置角(简称前置角)，分别为导弹速度矢量、目标速度矢量与目标瞄准线之间的夹角。分别以导弹、目标所在的位置为原点，若由各自的速度矢量逆时针旋转到目标瞄准线上时，则 η、η_T 为正值。

自动瞄准制导中常见的导引方法有追踪法、平行接近法和比例导引法。比例导引法是指导弹在攻击目标的导引过程中，导弹速度矢量的旋转角速度与目标线旋转角速度成比例的一种导引方法，其导引关系方程为

$$\frac{\mathrm{d}\sigma}{\mathrm{d}t} = K\frac{\mathrm{d}q}{\mathrm{d}t} \tag{5-7}$$

式中，K 为比例系数，应选择在 $(1,\infty)$ 的范围内，通常可取 2～6。

结合图 5-13，可建立按比例导引时导弹与目标之间的相对运动方程组：

$$\begin{cases} \dfrac{\mathrm{d}r}{\mathrm{d}t} = V_T \cos\eta_T - V_M \cos\eta \\ r\dfrac{\mathrm{d}q}{\mathrm{d}t} = V_M \sin\eta - V_T \sin\eta_T \\ q = \sigma + \eta \\ q = \sigma_T + \eta_T \\ \dfrac{\mathrm{d}\sigma}{\mathrm{d}t} = K\dfrac{\mathrm{d}q}{\mathrm{d}t} \end{cases} \tag{5-8}$$

微分方程的求解使用四阶龙格-库塔方法解决。设有一阶微分方程：

$$\frac{\mathrm{d}x}{\mathrm{d}t} = f(t,x)$$

若已知 t_k 时刻的参数值 x_k，则用四阶龙格-库塔公式计算 $t_{k+1} = t_k + \Delta t$ 时刻的 x_{k+1} 近似值的公式为

$$\begin{cases} x_{k+1} = x_k + \dfrac{1}{6}(K_1 + K_2 + K_3 + K_4) \\ K_1 = \Delta t f(t_k, x_k) \\ K_2 = \Delta t f\left(t_k + \dfrac{\Delta t}{2}, x_k + \dfrac{1}{2}K_1\right) \\ K_3 = \Delta t f\left(t_k + \dfrac{\Delta t}{2}, x_k + \dfrac{1}{2}K_2\right) \\ K_4 = \Delta t f(t_k + \Delta t, x_k + K_3) \end{cases} \tag{5-9}$$

导弹速度随时间的变化规律，经过拟合为

$$v = \begin{cases} 174.1715t, & 0 < t \leqslant 1.1682 \\ -34.4501t^2 + 148.3468t + 77.4801, & 1.1682 < t \leqslant 1.8908 \\ 4.24872t + 227.368524, & 1.8908 < t \leqslant 19.715 \\ -3.535566t + 380.835684, & 19.715 < t \leqslant 21.5215 \\ -7.52671t + 466.731, & 21.5215 < t \leqslant 28.9161 \\ -9.8t + 532.46578, & 28.9161 < t \end{cases}$$

5.4.2　弹道理论

为简化弹道计算，设定弹药飞行的理想条件：

(1) 地表面为平面；

(2) 重力加速度为常数，方向垂直于地平面；

(3) 忽略由于地球自转而产生的作用在飞行弹丸上的科氏惯性力；

(4) 气象条件，气压是标准的，无风雨；

(5) 弹丸在全部飞行时间内攻角 $\sigma=0$；

(6) 弹丸的外形和质量分布均关于纵轴对称。

弹丸的质心运动方程组为

$$\begin{cases}\dfrac{\mathrm{d}v_x}{\mathrm{d}t}=-cH(y)G(y)v_x\\ \dfrac{\mathrm{d}v_y}{\mathrm{d}t}=-cH(y)G(y)v_y-g\\ \dfrac{\mathrm{d}x}{\mathrm{d}t}=v_x\\ \dfrac{\mathrm{d}y}{\mathrm{d}t}=v_y\end{cases} \tag{5-10}$$

式中，$H(y)=\dfrac{\tau_{0n}}{\tau}\pi(y)$，$\pi(y)$ 为标准气象条件的气压函数；$M=\dfrac{v_\tau}{C_{0N}}$，$v_\tau=\sqrt{\dfrac{\tau_{0N}}{\tau}}v$，$v=\sqrt{v_x^2+v_y^2}$；$G(y)=4.736\times10^{-4}vC_{x0N}(M)$，$C_{x0N}(M)$ 为标准阻力系数，一般采用 43 年阻力定律。

积分起始条件：当 t=0 时，x=y=0，$v_{x_0}=v_0\cos\theta_0$，$v_{y_0}=v_0\sin\theta_0$（v_0 为初速，θ_0 为射角）。

航枪/航炮弹道、红外诱饵弹弹道以及火箭弹被动段的弹道，都遵循上述方程。但由于速度大小的区间不一样(航炮速度：400m/s≤ $v_{炮}$ <1400m/s，红外诱饵弹速度：$v_{红}$ <250m/s，火箭弹被动段速度：250m/s≤ $v_{箭2}$ <400m/s)，其阻力公式有所不同。为了方便计算机程序的编写，43 年阻力定律的 $F(v_\tau)$ 可以采用下面的经验公式：

当 $v_\tau<250$ 时，有

$$F(v_\tau)=0.00007454v_\tau^2$$

当 $250\leqslant v_\tau<400$ 时，有

$$F(v_\tau)=629.61-6.0255v_\tau+1.8756\times10^{-2}v_\tau^2-1.8613\times10^{-5}v_\tau^3$$

当 $400\leqslant v_\tau<1400$ 时，有

$$F(v_\tau)=6.394\times10^{-8}v_\tau^3-6.325\times10^{-5}v_\tau^2+0.1548v_\tau-26.63$$

当 $v_\tau \geqslant 1400$ 时，有

$$F(v_\tau) = 0.00012315 v_\tau^2$$

5.4.3 火箭弹

航空火箭弹的模型参数见表 5-12。

表 5-12 航空火箭弹的模型参数

参数类别	参数名称	参数符号	备注
输入参数	火箭弹弹头直径	d_coef	单位：m
	火箭弹质量	m_coef	单位：kg
	弹性系数	i_coef	
	火箭弹最大射程	MaxRange	单位：km
	火箭弹推力系数	ThrustAcceCoef	火箭弹发动机产生的推力加速度与重力加速度的比值
	主动段时间	T1	火箭弹发射后其发动机的工作时间
	被动段时间	T2	火箭弹发动机停止工作后的最大飞行时间
	圆概率偏差	CEP	单位：m
	计算轨迹的步长时间	M_h	
输出参数	火箭弹发射后的轨迹点，每隔仿真步长时间取一次	m_Pos	
	发射后每个步长的速度值	m_Vel	与轨迹点对应

根据火箭弹弹道方程计算可知，火箭弹的最大射程与其初始射角、发射点离地高度等因素有关，要想详细知道这个关系，需要火箭弹的射表。

使用简化的火箭弹外弹道理想弹道方程组求解火箭弹的弹道时，分为主动段和被动段两个阶段。

主动段方程组如下：

$$\begin{cases} \dfrac{\mathrm{d}v}{\mathrm{d}t} = a_p - a_x - g\sin\theta \\ v\dfrac{\mathrm{d}\theta}{\mathrm{d}t} = -g\cos\theta \\ \dfrac{\mathrm{d}y}{\mathrm{d}t} = v\sin\theta \\ \dfrac{\mathrm{d}x}{\mathrm{d}t} = v\cos\theta \end{cases} \tag{5-11}$$

被动段方程组如下：

$$
\begin{cases}
\dfrac{\mathrm{d}v}{\mathrm{d}t} = -a_x - g\sin\theta \\
v\dfrac{\mathrm{d}\theta}{\mathrm{d}t} = -g\cos\theta \\
\dfrac{\mathrm{d}y}{\mathrm{d}t} = v\sin\theta \\
\dfrac{\mathrm{d}x}{\mathrm{d}t} = v\cos\theta
\end{cases}
\tag{5-12}
$$

式中，v 为火箭弹质心速度，m/s；θ 为火箭弹的弹道倾角，rad；y 为火箭弹的弹道高，m；x 为火箭弹的射程，m；a_p 为火箭弹的推力加速度，m/s^2；a_x 为火箭弹的阻力加速度，m/s^2；g 为重力加速度，m/s^2。

被动段方程组与主动段方程组基本一致，只是因为火箭弹被动段速度一般为250～400m/s，使得方程组中阻力公式稍有不同。同样用龙格-库塔方法解上述两个方程组，求得火箭弹的弹道轨迹。

5.4.4 航炮/航枪

航炮、航枪是武装直升机的无控武器，可为武装直升机提供充足的自卫和近距攻击能力。航炮/航枪的模型参数见表 5-13。

表 5-13　航炮/航枪的模型参数

参数类别	参数名称	参数符号	备注
输入参数	圆概率偏差	CEP	单位：m
	弹头直径	dia	单位：m
	弹头质量	mass	单位：kg
	弹头弹性系数	shape	
	弹头初速度	inSpeed	航弹出航炮口速度大小，单位：m/s
	最大有效射程	MaxRange	单位：m
	弹药击发起始位置	FirePos	
	计算轨迹的时间步长	M_h	
	在最大射程内，弹头飞行经过的时间步长数	Num	
输出参数	炮弹击发后的轨迹点，每隔仿真步长时间取一次	m_Pos	
	击发后每个步长的速度值	m_Vel	与轨迹点对应

航炮/航枪被击发后弹药的飞行轨迹根据 5.4.2 节中的弹道理论进行计算。

5.4.5　红外诱饵弹

红外诱饵弹诱导红外导引头跟踪自己，使得载机脱离被攻击的危险从而提高载机的生存能力。直升机被红外导引头跟踪后发射红外诱饵弹，使红外诱饵弹和载机目标同时出现在红外导引头的视场内。这时红外制导导弹跟踪两个等效辐射能量中心，由于红外干扰弹的红外辐射强度大于目标红外辐射强度，所以等效辐射能量中心偏向红外干扰弹。随着红外干扰弹与运动目标的距离越来越远，红外导引头逐渐偏向红外干扰弹一边，当目标离开红外导引头的探测视场后，红外制导导弹就只跟踪红外诱饵弹，从而使得载机脱离危险。

红外诱饵弹的质心干扰公式为

$$L_1 = L\frac{W_2}{W_1 + W_2} \tag{5-13}$$

$$L = L_1 + L_2 \tag{5-14}$$

式中，L 为红外干扰弹与飞机的距离；L_1 为载机距离等效辐射能量中心的距离；L_2 为诱饵弹与中心的距离；W_1 为导引头接收到的红外诱饵的辐射功率；W_2 为导引头接收到的载机的辐射功率。

红外诱饵弹的辐射强度在实际使用中的动态特性参数与地面静态特性参数有很大区别，随着红外诱饵弹投放环境不同，其特性参数也有所不同。动态辐射特性，会受到飞行高度、诱饵弹速度影响。考虑诱饵弹速度较小(加上直升机速度后也不会大于 40m/s)，作战飞行高度有限(一般小于 500m)，这两个因素对诱饵弹动态红外辐射强度影响有限，所以在计算动态辐射功率时不对这两个因素进行处理。红外诱饵弹或直升机辐射强度计算公式如下：

$$\begin{cases} W_\lambda = \varepsilon(\lambda) = \dfrac{c_1}{\lambda^5 (\mathrm{e}^{c_2/\lambda T} - 1)} \\ I_\lambda = \dfrac{W_\lambda A}{\pi} \end{cases} \tag{5-15}$$

式中，W_λ 为光谱通量密度，$\mathrm{W/(cm^2 \cdot \mu m)}$；$\varepsilon(\lambda)$ 为载机或干扰弹在 λ 波长火焰的光谱发射率；c_1 为第一常数，$3.741832 \times 10^4 \mathrm{W/(cm^2 \cdot \mu m)}$；$c_2$ 为第二常数，$1.438786 \times 10^4 \mathrm{\mu m \cdot K}$；$T$ 为载机发动机尾喷口温度或干扰弹火焰的温度，K；I_λ 为光谱辐射度，$\mathrm{W/(sr \cdot \mu m)}$；$A$ 为辐射面积，$\mathrm{cm^2}$。

为保证对红外诱饵弹的有效干扰，通常情况下，光谱辐射强度大于1。红外诱饵弹的模型参数见表5-14。

表 5-14　红外诱饵弹的模型参数

参数类别	参数名称	参数符号	备注
输入参数	诱饵弹燃烧消耗率	exp	kg/s
	弹头初始 ecr 坐标位置	ECRPos	
	弹头初始 ecr 速度	ECRVel	
	红外诱饵弹燃烧持续时间	maxTime	诱饵弹有效干扰时间
	红外诱饵弹上升时间	RiseTime	从诱饵弹抛出到其燃烧产生 90%辐射强度的时间
	红外干扰光谱特征表	BaitLightFeatureList	诱饵弹在各个红外辐射光谱范围内的辐射强度
	计算弹道时采用的仿真步长	h	单位：s
	弹性系数	i_coef	
	弹头直径	d_coef	单位：m
	诱饵弹初始质量	m_coef	单位：kg
输出参数	炮弹击发后的轨迹点，每隔 m_h 时间取一次	m_Pos	
	击发后每个步长的速度值	m_Vel	与轨迹点对应
内部接口参数	计算轨迹的步长时间	M_h	

红外光谱的特征参数见表5-15。

表 5-15　红外光谱特性参数

参数名称	参数符号	备注
光谱波长范围下限	LowWave	单位：μm
光谱波长范围上限	HighWave	单位：μm
对应的额定辐射强度	Radiance	单位：W/sr

红外诱饵弹发射后的飞行轨迹按照弹道理论进行计算。

第 6 章　武装直升机的作战行动建模

武器装备作战仿真中通过编制作战想定(包括作战任务、参战实体、战术规则和战场环境等)，使各类实体在仿真时间内展开，以分析武器装备的作战效能。在编辑作战想定时，会将某项作战任务分配给装备实体(直升机编队或单架直升机)；作战任务的实施对应装备实体的一系列作战行动。一个想定可以包括多个装备实体，每个装备实体也可以分配不同的任务；根据任务类型的不同，相应的装备实体会执行不同的作战行动。陆航直升机的作战行动包括夺取制空权、空中攻击、空中侦察、空降、伴随掩护等；武装直升机主要承担空中攻击的任务。

本章在分析武装直升机空中攻击的作战任务和作战过程的基础上，研究武装直升机空中攻击的作战想定模型和交战过程模型建立的方法，为开发作战仿真系统提供数据和方法支持。

6.1　武装直升机的作战行动

武装直升机适合低空/超低空作战，由于它特殊的作战使命、机体结构和战技性能，其作战行动具有一定特点：

(1)作战任务和作战目标明确，其主要攻击对象是地面近距离的装甲目标、雷达站、指挥所等高价值目标。

(2)作战过程中需要根据一定的战术技术规则展开行动，以确保自身的安全性和发挥最大作战效能，完成作战任务。

(3)作战行为与战场环境关系密切。直升机在低空/超低空飞行，地理环境和战场电磁环境都非常复杂，作战行动的开展必须充分考虑战场环境的影响。

因此，在武装直升机的作战行动建模主要包含两方面的内容：

(1)武装直升机的作战行动必须基于具体的作战任务、参战实体和战场环境，这些可通过作战想定进行描述。

(2)武装直升机的作战行动体现在具体的作战过程中，必须结合武装直升机的战术技术规则，在对武装直升机的空中攻击过程进行分析的基础上，建立其作战过程模型。具体包括攻击目标辨识、弹药来袭监视和武器系统发射等。

6.2　作战想定模型

武装直升机的作战行动基于具体的作战任务，全面清楚地描述作战任务是作战仿真推演的基础。作战想定不仅包括作战任务类型、攻击目标编号、任务开始时间等作战任务描述信息，还包括进攻方(红方)作战实体、防守方(蓝方)作战实体、战场环境，以及特定的战役战术规则等。本节描述作战任务、参战实体和战场环境等作战想定模型。

6.2.1 作战任务

基本作战任务的逻辑模型的接口参数可通过表 6-1 描述。

表 6-1 作战任务逻辑模型的接口参数

项目名称	项目符号	数据类型	备注
任务编号	RWBH	int	
任务类型	RWLX	CString	
任务描述	RWMS	CString	
目标信息列表	MBXXLB	TargetList	
任务开始时间	RWKSSJ	double	yyyymmdd.hhffss

表 6-1 中的战场目标信息列表的内容见表 6-2。

表 6-2 战场目标信息

参数名称	参数符号	数据类型	备注
目标编号	TargetID	long	
目标名称	TargetName	CString	
目标类型	TargetType	char	坦克、指挥所、雷达站等
目标归属	TargetIFF	char	1-红方；2-蓝方；3-绿方(中立方)；4-不明方
目标使用性质	TUsedStates	char	0-未投入使用；1-军用；2-民用；3-军民合用
目标位置	TargetPosition	m_position	实体位置结构体数据
目标几何属性	TarAttr	TGeoAttr[]	
目标毁伤状态	TarDamageState	char	毁伤状态编码，或目标完好程度：0(损毁)～100(完好)的整数(百分比)

表 6-2 中的目标位置(实体位置结构体数据)定义如下：

```
struct  m_position {
      double   jd;     //经度
      double   wd;  //纬度
      double   gd;     //高度(海拔)
   }
```

(1)经度：jdddmmss.ss(j：东/西经，ddd：度，mm：分，ss.ss：秒)

最高位“j”表示东、西经，1-东经，2-西经

示例：11122345.15 表示经度为“东经 112 度 23 分 45.15 秒”

(2)纬度：wddmmss.ss(w：南/北纬，dd：度，mm：分，ss.ss：秒)

最高位“w”表示南、北纬，1-北纬，2-南纬

表 6-2 中的目标几何属性 m_TGeoAttr[ ]定义见表 6-3。

表 6-3　目标几何属性

属性项	数据类型	单位	说明
m_TShape	short		目标水平投影包罗线点数 n(几何形状) n=1，点状目标； n=2，线形目标； n=3，三角形面目标； n=4，四边形面目标； n=5，圆形面目标； n=6，长方体目标； n=7，球体目标； n=8，圆柱体目标； n=9，圆锥体目标
m_TCenterP	S_Point		战场目标的几何中心点
m_TSize[]	float	m	目标几何大小 [0]：长径(水平面内投影的长径)； [1]：短径(水平面内投影的短径)； [2]：目标高度(顶部至底部的距离，无高度时为 0)
m_TAzimuthAngle	float	(°)	目标方位(长径与正北方向的夹角)

6.2.2　参战实体

1. 红方实体

红方实体主要是单架直升机或直升机编队；建模时将单独执行任务的直升机设为一个编队，编队中的直升机数量为 1。武装直升机红方实体逻辑模型的接口参数可通过表 6-4 描述。

表 6-4　武装直升机红方实体逻辑模型的接口参数

项目类别	项目名称	项目符号	数据类型	备注
直升机平台	直升机编号	m_HelicID	long	
	直升机型号	m_ HelicType	CString	
	编队信息	m_ArrayInfo	CString	
	毁伤状态	m_DamageState	float	0～1(0：无毁伤，1：完全毁伤)
	直升机位置	m_HelicPos	m_position	位置结构数据，见表 6-2
武器配置	空地弹列表	m_AKDList	AKDList	AKD 系列
	空空弹型号	m_AKKType	CString	AKK 系列
	空空弹数量	m_AKKNum	int	单位：枚
	火箭弹列表	m_ARockList	RockList	7 管/19 管 70mm 杀爆弹，7 管/19 管 70mm 子母弹
	航炮/航枪型号	m_AGunType	CString	232S，23L，12.7mm
	炮弹数量	m_AGunNum	int	单位：发
燃油加载	有无副油箱	bAuxFuelTank	bool	
	燃油油量	Fuelmass	float	单位：kg

表 6-4 中的空地弹有三种型号，可以混挂；采用列表数据储存武装直升机挂载的空地导弹信息，信息内容见表 6-5。

表 6-5 空地弹信息列表

参数名称	参数符号	数据类型	备注
空地弹型号	m_AKDType	CString	
空地弹数量	m_AKDNum	int	2 枚，4 枚，6 枚，8 枚

表 6-4 中的火箭弹有 7 管/19 管 70mm 杀爆弹/子母弹四种类型；采用列表数据储存武装直升机挂载的火箭弹信息，信息内容见表 6-6。

表 6-6 火箭弹信息列表

参数名称	参数符号	数据类型	备注
火箭弹型号	m_RockType	CString	
火箭弹数量	m_RockNum	int	单位：枚

2. 蓝方实体

蓝方实体主要指地面目标，包括运动目标和静止目标等。在作战想定中需描述的蓝方实体的逻辑模型见表 6-7。

表 6-7 蓝方实体的逻辑模型

项目名称	项目符号	数据类型	备注
目标实体编码	m_TargetID	int	
目标实体名称	m_TargetName	string	
目标类型	m_TargetClarify	string	坦克、指挥所、雷达站
目标型号/分级	m_TargetType	string	M1A1
目标归属方	m_TBelong	char	参见作战实体编码最高位：1-红方；2-蓝方；3-中立方；4-不明方
目标使用性质	m_TUsedStates	char	0-未投入使用；1-军用；2-民用；3-军民合用
目标几何属性	m_TGeoAttr[]	tag_TarAttr	参见表 6-3
目标实体位置	m_TargetPos	m_position	位置结构体，参见表 6-2
目标毁伤程度	m_TStatus	int	0(损毁)～100(完好)的整数(百分比)
目标隐蔽程度	m_TCoverR	int	0(暴露)～1(隐蔽)的概率×100 取整
被发现标志	m_BeFinded	int	0-未被发现；1-被对方发现；2-被第三方发现；3-不知是否被发现

6.2.3 战场环境

战场环境的逻辑模型可通过表 6-8 描述。

表 6-8　战场环境的逻辑模型

项目类别	项目名称	项目符号	数据类型	备注
地形环境	地形高度	m_SHigh	float	单位：m
	地形坡度	m_SGrade	float	单位：(°)
	地形土质分类	m_SGeo	char	0-空(无数据)，1-水域，2-沼泽，3-松软泥土，4-沙地，5-坚硬泥土，6-岩石，7-水网稻田
	地貌形态	m_STerrain	char	1-高山，2-中山，3-低山，4-丘陵(高差 50～200m)，5-平原(高差小于 50m)，6-高原，7-盆地，8-海洋地貌
气象环境	温度	m_Temp	int	
	湿度	m_Humid	int	1%～100%
	气压	m_AirPressure	float	997.0hPa
	风向	m_WindDirect	int	正北方向逆时针旋转
	风力	m_WindPower	int	1～12 级
	天气现象	m_TWeather	int	0-晴，1-多云，2-阴，3-雾，4-大雾，5-霾，6-雨，7-暴雨，8-雷电，9-雷雨大风，10-雪，11-大雪，12-寒潮，13-结冰，14-冻雨，15-冰雹，16-扬沙，17-沙尘暴，18-龙卷风，19-飓风，20-热带风暴，21-台风
电磁环境	电磁干扰信息列表	m_EMGRlist	EMInfolist	范围、时间、频谱、强度

表 6-8 中的电磁干扰信息列表的内容见表 6-9。

表 6-9　电磁干扰信息

参数名称	参数符号	数据类型	备注
电磁干扰 ID	EMID	int	
干扰开始时间	TargetID	double	yyyymmdd.hhffss
干扰结束时间	TargetName	double	yyyymmdd.hhffss
频率下限	LowF	float	干扰频谱下限
频率上限	HighF	float	干扰频谱上限
干扰中心点	EMCenter	m_position	位置结构数据，见表 6-2
干扰半径	EMRadius	float	单位：m
干扰强度	EMPower	int	0-无；1-低；2-中；3-高

6.3　作战过程模型

武装直升机空中攻击任务被划分为多个连续的作战行为，包括起飞、沿航线飞行、弹药来袭监视、攻击目标辨识、发射空地导弹、悬停、着陆等；直升机接收到空中攻击任务后，按照任务行为列表顺序执行各个作战动作。

6.3.1 武装直升机的空中攻击过程

在直升机沿航线飞行过程中要进行燃油监控、处理弹药来袭监视、创建威胁评估和实施攻击目标辨识等；发现任务目标才会触发变化，执行直升机水平飞向目标和武器射击等动作。直升机空中攻击过程如图 6-1 所示。

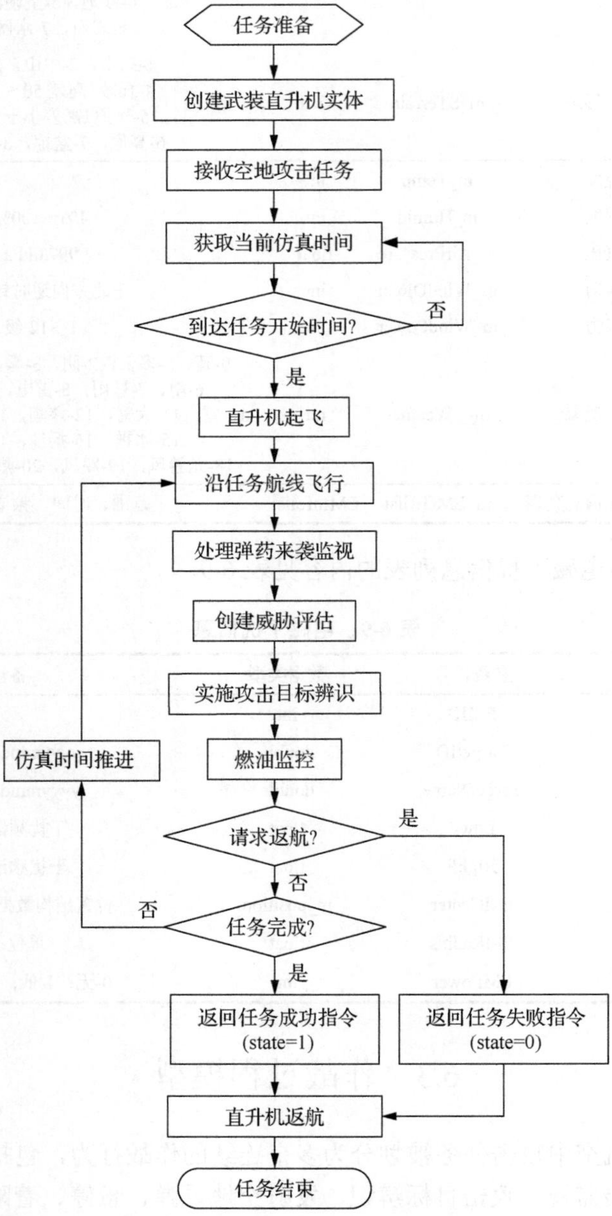

图 6-1 直升机空中攻击过程

6.3.2　攻击目标辨识和弹药来袭监控

直升机开启侦察设备(雷达探测器、雷达告警器、视觉观瞄系统、激光告警器等)进行弹药来袭监控、威胁评估和攻击目标辨识。弹药来袭监控过程和攻击目标辨识过程如图 6-2 和图 6-3 所示。

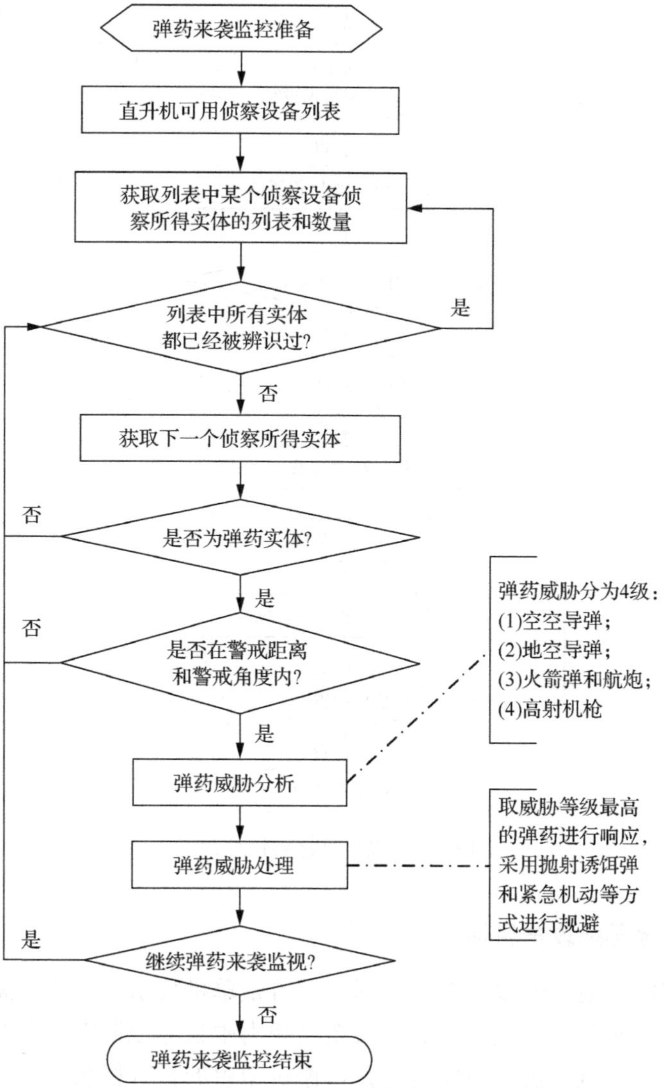

图 6-2　弹药来袭监控过程

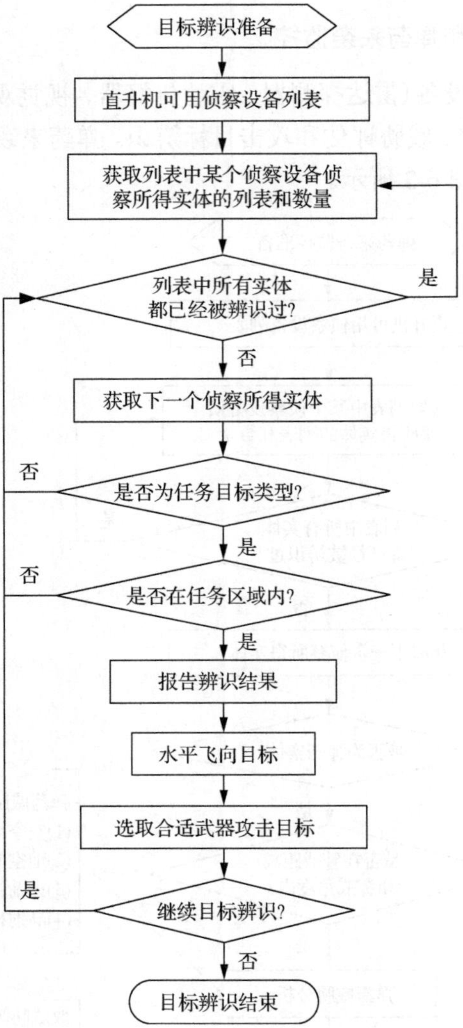

图 6-3　攻击目标辨识过程

6.3.3　发射空地导弹攻击目标

直升机使用空地导弹攻击地面目标时，若是单机攻击，则会先悬停然后发射导弹同时开启激光照射器照射目标，直至导弹击中目标或坠毁；若是主僚配合攻击，则主机角色的直升机负责发射导弹，僚机角色的直升机负责照射目标，导弹攻击到目标或落地时行为结束。

发射空地导弹的模型参数见表 6-10。

表 6-10　发射空地导弹的模型参数

参数类别	参数名称	参数符号	备注
输入参数	目标编号	TargetID	单位：MHz
	发射的导弹型号名称	cAmmuName	单位：MHz
	需要发射的导弹数量	AmmuCount	单发：1，连发：>1
	采取的攻击方式	AttackType	单机悬停，主僚配合
	在相应攻击方式中的角色	AttackRole	如主僚配合攻击时角色有攻击机和照射机的区分
输出参数	行为执行结果	state	执行失败、执行成功

单机悬停发射空地导弹攻击目标的过程如图 6-4 所示。

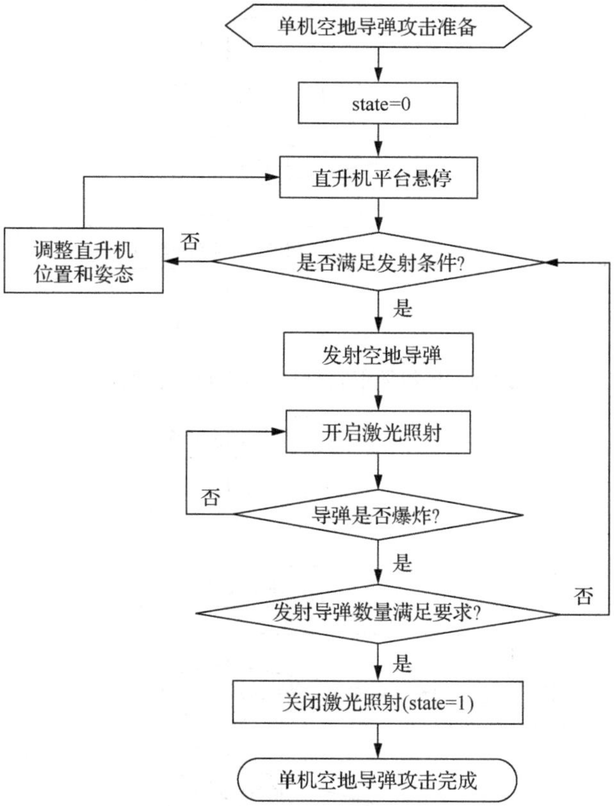

图 6-4　空地导弹攻击目标过程(单机悬停发射)

双机配合发射空地导弹攻击目标的过程如图 6-5 和图 6-6 所示(僚机照射和主机攻击)。

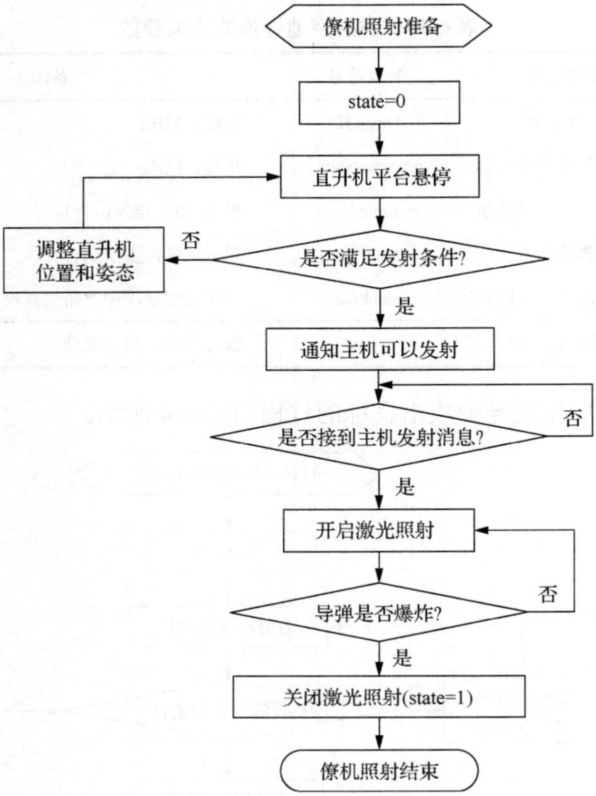

图 6-5　僚机照射目标过程(双机配合攻击)

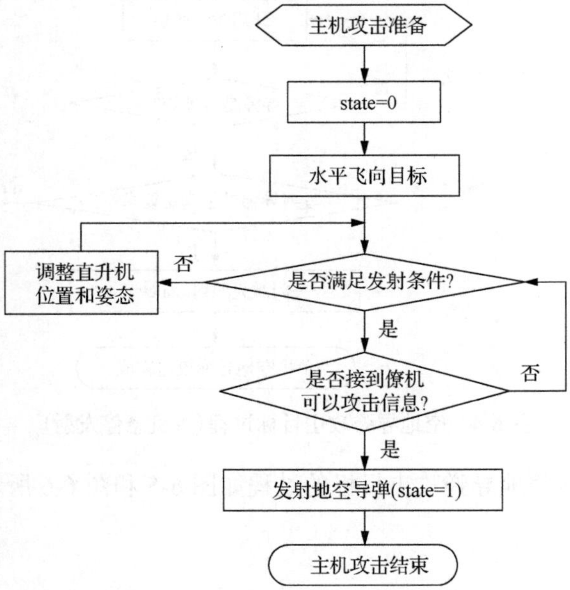

图 6-6　主机攻击目标过程(双机配合攻击)

6.3.4 发射火箭弹攻击目标

火箭弹的散射面较大，攻击精度比较低。使用火箭弹攻击的目标一般是面目标，由于火箭弹的射程与其初始射角、发射点高度相关，在执行该行为时，需要根据火箭弹射表以及想要发起攻击的距离(射程)来确定射角和高度。然后结合攻击方式，直升机先跃升或俯冲至高度，然后发射火箭弹。根据火箭弹的 CEP 值和直升机的瞄准误差等来计算火箭弹落地后的散布落点，然后根据落点来计算火箭弹产生的毁伤。发射火箭弹的模型参数见表 6-11。

表 6-11　发射火箭弹的模型参数

参数类别	参数名称	参数符号	备注
输入参数	目标编号	TargetID	单位：MHz
	发射的火箭弹型号名称	cAmmuName	单位：MHz
	需要发射的火箭弹数量	AmmuCount	单发：1，连发：＞1
	发射间隔	LaunchGap	单机悬停，主僚配合
	攻击海拔	AttackMSL	
	采取的攻击方式	AttackType	俯冲攻击、悬停攻击、跃升攻击等
输出参数	行为执行结果	state	执行失败、执行成功

直升机发射火箭弹攻击目标的过程如图 6-7 所示。

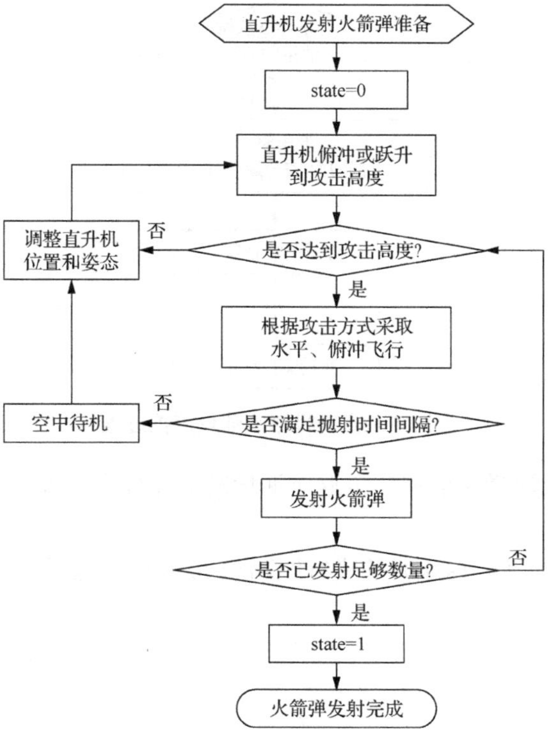

图 6-7　直升机发射火箭弹攻击目标的过程

6.3.5　燃油油量监控

直升机在执行任务时必须对燃油油量进行监控；若遇油量不足则必须发出警告，并进行相应处理，以确保飞行安全。直升机燃油油量监控的阈值有两个：低油量阈值和安全返航油量阈值，任何一个达到阈值都必须进行相应处理。直升机燃油油量的监控过程如图 6-8 所示。

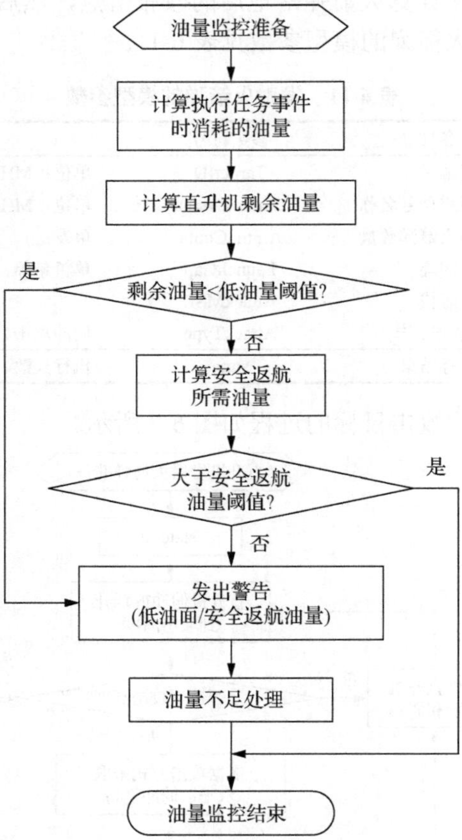

图 6-8　直升机燃油油量监控过程

图 6-8 中的低油量阈值和安全返航油量阈值在程序中设置，安全返航燃油阈值计算公式如下：

安全返航油量阈值=返航时的飞行距离(km)×每公里平均油耗(kg/km)

第 7 章　武装直升机的典型目标毁伤特性分析

现代战场上适于直升机火力突击的目标很多，通常情况下可分为移动目标和固定目标两大类：移动目标有坦克、步兵战车、装甲运输车、低空飞行器等；固定目标有指挥控制中心、通信枢纽、固定雷达站、机场跑道、桥梁和其他重要建筑物等。武装直升机的作战使命主要是攻击敌方坦克、装甲运输车、指挥所、雷达站和防御工事等地面目标和低空飞行器等高价值点目标。

本章结合武装直升机的作战使命和攻击方式，在对作战目标进行分类的基础上，分别以移动目标——主战坦克和武装直升机，固定目标——地面指挥所，以及其他典型目标作为研究对象，在分析其组成结构和毁伤机理的基础上，研究武装直升机对各类目标的毁伤分析方法。

7.1　攻击目标的分类

武装直升机在作战时根据目标特点和任务要求携带不同的武器和弹药，以提高其作战效能。直升机携带的武器主要有空地导弹、空空导弹、火箭弹、航炮、航枪等；武器战斗部不同、弹药类型不同，其杀伤能力也有不同。因此，需要针对不同性质类型的目标、不同武器攻击系统具体分析武装直升机的目标毁伤能力。

根据目标的技术特点、运动特性和防护能力，可将直升机的攻击目标概略分为以下几类：

(1) 装甲可运动目标：坦克、步兵战车、装甲运输车、自行火炮、装甲舰艇、特种装备车辆、低空飞行器等。这些目标或关键部件具有一定的装甲防护能力，可以在地面、水上、空中处于运动或静止状态。

(2) 非装甲可运动目标：特种装备车辆、雷达车、列车、汽车，一般飞行器、舰船、趸船等。这些目标不具有装甲防护能力，可以在地面、水上、空中处于运动或静止状态。

(3) 地面固定技术装备：发射场或技术阵地中的导弹、固定雷达站及其天线、通信枢纽、导航台、指挥控制中心等。

(4) 建筑物及工事：弹药库、仓库、厂房、野战工事等。

(5) 桥梁和机场跑道：钢结构、混凝土结构、悬索结构等永久性桥梁，以及浮桥、木结构桥等临时性桥梁等，以及各种等级的固定翼飞机跑道。

(6) 有生力量：集结地域中的人员及携带的武器装备。

分析武装直升机对不同目标的毁伤能力时，需要根据不同类型目标的特点和毁伤性能，结合武器类型、战斗部杀伤能力进行具体分析。

7.2　主 战 坦 克

7.2.1　主战坦克的结构和性能数据

坦克是典型的装甲战斗车辆，具有强大的火力、良好的机动性和装甲防护能力。坦克的结构复杂，通常由车体、推进系统、武器系统、防护系统、电气控制系统和通信系统组成。以美国的“艾布拉姆斯”主战坦克 M1(含 M1A1 基本型和 M1A2 改进型)为例，坦克包含的部件有外部装甲、炮管、瞄准装置、机载计算机、油箱、发动机、履带、主动轮、行动轮、诱导轮等，其中行动轮共 14 个，两侧各 7 个，如图 7-1 所示。

图 7-1　“艾布拉姆斯”主战坦克

M1 系列主战坦克采用常规炮塔式坦克的结构型式，车体前部是驾驶舱、中部是战斗舱、后部是发动机舱；有乘员 4 人：车长、驾驶员、炮长和装填手。驾驶舱位于车体前部中央，驾驶窗盖为整体结构，向后开启；闭窗驾驶时，驾驶员成半仰卧姿势。驾驶员两侧是用装甲板隔离的燃料箱和弹药。旋转炮塔位于车体中央，车长位于右侧，炮长在车长前下方。

M1A1 坦克在设计思想上重视防护，乘员生存力在其最重要的 19 项战术技术指标中排在首位。车体和炮塔均为复合装甲结构，1988 年以后生产的 M1A1 采用贫铀装甲，防护能力强，提高了对动能弹和化学弹(破甲弹)的防护能力。在同等装甲重量下，复合装甲防破甲能力是均质钢装甲的 3～5 倍。在抗击脱壳穿甲弹时相当于 600mm 钢甲，在抗击空心装药破甲弹时，相当于 1300mm 钢甲。车体首上装甲水平倾角小(约 8°)，近与地面平行；车体高 1.727m(不含炮塔)。炮塔前装甲和两侧装甲均有倾角，具有良好的防弹外形。车体两侧全长挂装有复合装甲履带裙板，裙板自车体顶向下一直覆盖到负重轮上缘。M1A1 坦克的主要性能数据见表 7-1。

表 7-1　M1A1 坦克的主要性能数据

性能指标	参数值	性能指标	参数值
车长(炮向前)	9.83m	爬坡度	60°
车宽	3.657m	侧倾坡度	40°
车全高(至炮塔顶)	2.375m	攀垂直墙高	1.067m
战斗全重	63086kg	越壕宽	2.743m
装甲类型	多层复合装甲	涉水深	无准备 1.219m
“三防”装置	有		有准备 1.98m
夜视装置	有	武器配备	120mm 火炮 1 门
单位功率	19.3kW/t		7.62mm 机枪(并列)1 挺
单位压力	94.2kPa		7.62mm 机枪(高射)1 挺
车底距地高	0.483m		12.7mm 机枪(高射)1 挺
燃料储备	1907L	弹药基数	120mm 炮弹 40 发
公路最大行程	426km		12.7mm 机枪弹 1000 发
公路最大速度	67.6km/h		7.62mm 机枪弹 12400 发
越野最大速度	48.3km/h	乘员	4 人

7.2.2　坦克目标的毁伤等级与毁伤故障树

直升机攻击坦克的目的是使坦克丧失主要战术功能，无法执行既定的作战任务；通常用毁伤等级来描述目标预定功能降低的程度。从机动能力、火力和人员等三个方面考虑，可将坦克的毁伤等级分为：

M 级毁伤——坦克完全或部分地丧失行动能力；

F 级毁伤——车辆主炮和机枪完全或部分地丧失射击能力；

P 级毁伤——车辆乘员伤亡；

MoFoP 级毁伤：上述三级毁伤的一种或几种同时发生。

坦克的结构复杂，可按照一定方法划分成多个子系统；各个子系统又由许多部件构成。坦克上任何一个部件的毁伤都会对坦克造成影响，有些部件的毁伤会直接影响整个系统的正常工作，甚至会导致整辆坦克的毁伤。坦克相对于破片和弹丸的易损性，由装甲的类型、厚度和倾斜程度以及弹丸/破片的类型、质量、形状、着弹速度等因素决定。在分析目标易损性时，主要考虑目标要害部位的毁伤，忽略非要害部位的毁伤。可先对目标各个子系统进行全面分析，确定出各子系统的要害部件，而后对其分类，再对不同类型的要害部件进行结构、功能及特性分析。根据坦克各部件之间的相互关系，按照毁伤等级定义，自上而下找出导致某一毁伤等级发生的所有事件；以坦克在空地导弹打击下可能出现的基本损伤情况为底事件，可建立坦克部件毁伤底事件表，见表 7-2。

表 7-2　坦克部件毁伤底事件与事件符号

事件说明	事件符号	事件说明	事件符号
外部装甲被击穿	X1	控制系统损坏	X8
履带损坏	X2	瞄准器损坏	X9
主动轮损坏	X3	炮管损坏	X10
行动轮损坏	X4	驾驶员死亡	X11
诱导轮损坏	X5	车长死亡	X12
发动机损坏	X6	炮长死亡	X13
油箱损坏	X7	装填手死亡	X14

与坦克的机动性相关的部件有履带、主动轮、诱导轮、行动轮、发动机、油箱、控制系统等，这些部件任一个损坏都可能导致坦克丧失机动性；此外驾驶员死亡也会导致坦克丧失机动性。因此，可建立 M 级毁伤的故障树如图 7-2 所示。

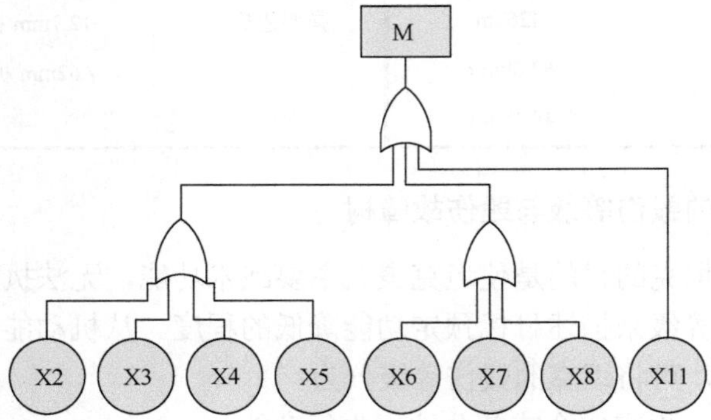

图 7-2　M 级故障树

M 级故障树所有底事件均为逻辑“或”关系，即任一个底事件都可能导致顶事件的发生，故 M 级毁伤的概率计算式为

$$\begin{aligned}p(\mathrm{M}) &= p(\mathrm{X2} \cup \mathrm{X3} \cup \mathrm{X4} \cup \mathrm{X5} \cup \mathrm{X6} \cup \mathrm{X7} \cup \mathrm{X8} \cup \mathrm{X11}) \\ &= 1-(1-p(\mathrm{X2}))(1-p(\mathrm{X3}))(1-p(\mathrm{X4}))(1-p(\mathrm{X5})) \\ &\quad \times (1-p(\mathrm{X6}))(1-p(\mathrm{X7}))(1-p(\mathrm{X8}))(1-p(\mathrm{X11}))\end{aligned} \tag{7-1}$$

与坦克火力相关的部件有火炮发射控制系统、炮管和瞄准器，相关的人员有炮长和装填手。其中炮管、瞄准器或火力发射控制系统损坏将导致坦克丧失火力。若炮管、瞄准器和火力发射控制系统均未损坏，则只有炮长和装填手同时死亡才会导致坦克丧失火力，因此炮长与装填手是逻辑“与”的关系。由此可建立 F 级毁伤的故障树如图 7-3 所示。

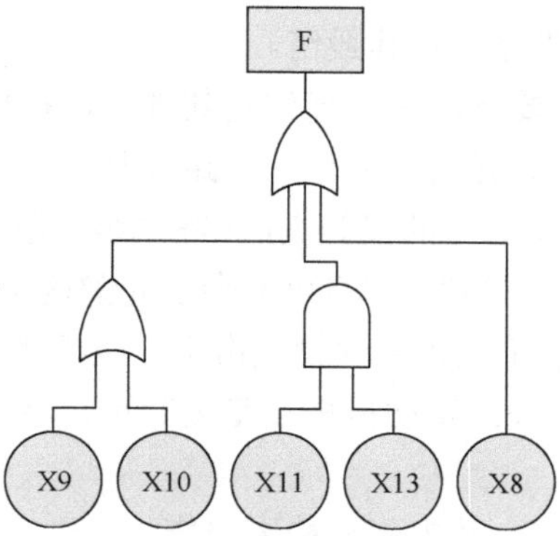

图 7-3　F 级故障树

由故障树分析可知，F 级毁伤概率的计算式为

$$\begin{aligned} p(\mathrm{F}) &= p(\mathrm{X8} \cup \mathrm{X9} \cup \mathrm{X10} \cup (\mathrm{X11} \cap \mathrm{X13})) \\ &= 1-(1-p(\mathrm{X8}))(1-p(\mathrm{X9}))(1-p(\mathrm{X10}))(1-p(\mathrm{X11})p(\mathrm{X13})) \end{aligned} \tag{7-2}$$

任何一个乘员死亡都会导致坦克发生 P 级毁伤，由故障树分析可知 P 级毁伤概率计算式为

$$\begin{aligned} p(\mathrm{P}) &= p(\mathrm{X11} \cup \mathrm{X12} \cup \mathrm{X13} \cup \mathrm{X14}) \\ &= 1-(1-p(\mathrm{X11}))(1-p(\mathrm{X12}))(1-p(\mathrm{X13}))(1-p(\mathrm{X14})) \end{aligned} \tag{7-3}$$

MoFoP 级毁伤是上述三种毁伤的综合，故 MoFoP 级毁伤概率计算式为

$$\begin{aligned} p(\mathrm{MoFoP}) &= p(\mathrm{M} \cup \mathrm{F} \cup \mathrm{P}) \\ &= 1-(1-p(\mathrm{M}))(1-p(\mathrm{F}))(1-p(\mathrm{P})) \end{aligned} \tag{7-4}$$

7.2.3　反坦克导弹对坦克部件的毁伤分析

反坦克导弹击中坦克后，其爆炸形成的破片、冲击波、冲击振动对坦克的内外关键部件都具有杀伤能力，使部件失去原有功能，造成部件毁伤。

1. *破片对坦克部件的毁伤*

破片只有击穿坦克内部部件才导致其毁伤；由于每一种部件的具体结构不同，所采用的材料性能不同，部件易损性要视破片将其毁伤后对该部件使用功能和技术性能的影响程度而定。部件易损性大体上可分为以下四类情况。

(1) 部件未被贯穿，但产生缺陷而使其丧失功能。

这类部件的易损性，体现在该缺陷对部件材料机械性能的影响，从而导致该部件在受到其他作用力影响时产生严重的功能丧失。坦克火炮管是这类部件易损性的一个典型例子。

(2) 坦克部件壳体被贯穿导致其毁伤。

这类部件的易损性主要体现在，壳体是其唯一保护机构。一旦壳体被贯穿，则直接影响其内在功能，如弹药、油箱、管路及其他至关重要的部件壳体。这类部件，其壳体厚度一般不大，有的仅为 2mm 等效装甲厚度，很难抵御各种破片的碰撞。一旦各种炮弹的壳体被穿透，将可能会引起弹药爆炸(视破片的质量和速度大小)，导致全车被毁；油箱壳体或油管被击穿，油料泄漏到一定程度，使发动机供油不足，导致机动性丧失；发动机机油箱被穿透，将引起机油的外泄，致使发动机无润滑受损。

(3) 部件仅壳体被贯穿，其内部机构无损伤。

有些部件，如果破片能力刚好能或仅仅能击穿部件的壳体，对坦克部件内部各机件未造成任何损坏，且不影响部件的正常工作，可以认为该部件未毁伤。但在完成作战任务后，该部件仍属于应修复部件(有些部件需要保持其密封性)。

(4) 部件壳体被击穿，其内部结构同时被毁伤。

当破片能量足够大时，不仅能击穿部件的壳体，还有足够的能量击毁其内部机构，或者贯穿整个部件，则该部件被毁伤。这主要视部件壳体等效装甲厚度以及破片能量的大小而定，并无一定的模式。对于大部分部件，尤其是对战斗部所形成的破片流首次碰撞到的部件而言，这种类型的毁伤占大多数。

2. 冲击波对坦克部件的毁伤

在强烈冲击波的作用下，有些部件会产生破碎、断裂而飞出；尤其是装甲装备外部的一些部件，有时会直接被吹掉。这和部件在冲击振动环境下的毁伤状况相似；不同的是，部件的毁伤是受到冲击波超压以及冲击波动压的影响。由于冲击波超压或动压的影响，车内人员将产生不同程度的脏器损伤。冲击波还会产生一些抛射物，这些抛射物是被冲击波推动的各种物体，具有一定的质量和飞行速度；作为二次效应物体，足以毁伤其他的某些部件。这些部件的毁伤因素类同于弹丸破片的碰撞作用。另外，有些抛射物会嵌入装备结构之间的缝隙(如车体和炮塔的接合部)，导致这些机构卡死等。

3. 冲击振动对坦克目标部件毁伤

任何部件都由支撑件、选接件、活动件、固定件和插接件等诸多机构组成。部件在装甲装备上的安装和固定，有的是刚性固定，有的通过某种形式的弹性支撑固定。当部件处在一定的外部振动环境中，将会因冲击振动的影响而导致部件功能的失效，或者造成部件的机械毁伤。

作为部件自身，在设计时都有一个相对于冲击振动的承受阈值，以适应一定的外部冲击振动环境。每一个部件都有一个适应外界冲击振动环境的设计参数，或称部件对冲击振动因素影响的承受阈值。那么，一旦部件所受到的冲击振动作用超过这个阈值，则无疑会使其产生相应的性能劣变、功能失调或者是各种程度的毁伤。部件在强冲击振动环境下的毁伤模式大体上有以下四类：

(1) 内部机构松动致使性能劣变或工作失调。

这种模式主要体现在那些含有插接件和活动件等机构的部件。当反坦克弹药击中装甲装备时受强烈的冲击振动影响，发生插接件松动、活动机构间隙增大或错位、电路板焊点开焊等，从而使部件失效。

(2) 机件的断裂。

有些机件由于在设计时材料强度不够，或者压力分布不合理，在强烈的冲击振动环境中容易导致机件的断裂；如部件在车上安装固定脚、固定螺栓、观察窗玻璃等。除了其自身毁伤以外，这些断裂后飞出的机件如果碰到别的部件，还有可能造成别的部件毁伤。

(3) 焊缝的开裂。

装甲装备各种焊缝，如车体焊缝以及各种防护结构与车体之间的焊缝，在遭受强烈冲击后易导致焊缝开裂；多次遭受到这种毁伤破坏后会使部件脱落或解体。

(4) 部件的移位或变形。

强烈的冲击振动会使部件产生变形，如装甲车体、负重轮等。有时这种变形对装备本身影响不大，但是有的部件变形则会对装备造成一定的影响，如炮塔座圈的变形会影响炮塔的旋转力矩，严重的变形将使得炮塔无法转动。强烈的冲击振动还会使部件产生移位，如车辆动力系统；当部件发生移位后，使发动机中心线产生变化，影响到整个推进系统的正常工作。

假设用 AKD-10 空地导弹分别对目标坦克(M1A1)的六个重点部位进行打击。具体命中部位及相对位置见图 7-4，六个部位依次为炮塔右部正面反应装甲、炮塔顶部装甲、车首正面反应装甲、炮塔左侧面、右前挡泥板和左侧屏蔽裙板等。

图 7-4　“艾布拉姆斯”主战坦克的装甲防护

1-炮塔右部正面反应装甲；2-炮塔顶部装甲；3-车首正面反应装甲；
4-炮塔左侧面；5-右前挡泥板；6-左侧屏蔽裙板

(1) 命中炮塔右部正面反应装甲。

由于炮塔前部采用贫铀装甲，在同等装甲重量下，该贫铀装甲防破甲能力是均质钢装甲的 3～5 倍。这种装甲相当于厚度 1000～1200mm 的均质装甲，而 AKD-10 动破甲厚度 400mm(65°)，此情况下破片无法击穿坦克的贫铀装甲，但空地导弹击中坦克后，其爆炸后形成的破片、冲击波、冲击振动和噪声对坦克的内外关键部件以及内部的驾乘人员都具有杀伤能力。因此，会造成火炮身管报废，炮塔无法转动，炮长观瞄装置与驾驶员潜望镜报废，乘员受到一定程度的伤害，完全丧失了主火力，基本丧失了机动的可能性。

(2) 命中炮塔顶部装甲。

坦克部件壳体被贯穿导致其毁伤，这类部件的易损性主要体现在，壳体是其唯一保护机构。一旦壳体被贯穿，则直接影响其内在功能，如弹药、容器类、管路类及其他至关重要的部件壳体。这类部件，其壳体厚度一般不大。有的部位仅为 20mm 等效装甲厚度，很难抵御各种破片的碰撞。一旦各种装炮弹的壳体被穿透，可能会引起弹药爆炸(视破片的质量和速度大小)，导致全车被毁的严重后果；油箱壳体或油管被击穿，油料泄漏到一定程度，使发动机供油不足，导致其机动性丧失；发动机曲轴箱被穿透，将引起机油外泄，致使发动机无润滑受损。同时还会造成火炮身管报废，炮塔不能转动，机枪损坏，驾驶员窗盖报废，窗口周围严重损坏，主要观瞄装置基本报废，动力装置无法工作，乘员受到严重的伤害，完全丧失了主火力和机动能力。

(3) 命中车首正面反应装甲。

命中车首正面反应装甲同命中炮塔前部的结果一样，坦克部件壳体未被破片贯穿，但空地导弹击中坦克后，其爆炸后形成的破片、冲击波、冲击振动和噪声对坦克的内外关键部件以及内部的驾乘人员都具有杀伤能力。因此，会造成火炮身管报废，炮塔倾斜(回转阻力矩比正常状态增大了 14 倍)，乘员于车内无法水平调炮，首上反应装甲和复合装甲严重损伤，完全丧失了主火力，且装甲防护力减弱。

(4) 命中炮塔左侧面。

命中炮塔左侧面使炮长瞄准镜严重损坏，顶装甲破坏毛面，抵紧炮塔使其无法转动，火控计算机失去可用性，转向器基本失去使用性，车辆丧失密封性，局部装甲损坏较重，基本丧失了主火力效能，装甲防护能力削弱，特种防护能力丧失。

(5) 命中右前挡泥板。

命中右前挡泥板后，爆炸形成的破片、冲击波使火炮身管报废，行动部分严重损坏，车外一些设备损坏严重，丧失了主火力和机动能力，振动和噪声对乘员造成较严重的伤害。

(6) 左侧屏蔽裙板。

左侧屏蔽裙板被击穿，履带受到一定程度的伤害，行动轮也受到不同程度的毁伤，行动部分严重损坏，车外一些设备损坏严重，丧失了机动能力，装甲防护能力削弱。

7.2.4　坦克的毁伤概率计算

1. 部件的毁伤概率

坦克部件的毁伤情况通常用部件毁伤概率来表示。部件毁伤概率不仅与部件属性有关，如电子部件与结构部件，还与其遭受的威胁机理有关，如侵彻损伤和冲击损伤等。坦克部件的毁伤概率计算公式可表示为

$$p_{部件毁伤} = p_{击穿} \times p_{击穿失效} \tag{7-5}$$

式中，$p_{击穿}$ 为侵彻深度与部件在射线方向上的厚度之比；$p_{击穿失效}$ 为部件被击穿后失效的概率。

坦克部件被击穿后失效的概率参见表 7-3。

表 7-3　坦克部件被击穿后失效概率

部件名称	击穿失效概率	部件名称	击穿失效概率
外部装甲	0.1	发动机	0.9
履带	0.9	油箱	0.9
主动轮	0.7	控制系统	1.0
行动轮	0.4	瞄准系统	0.9
诱导轮	0.6	炮管	1.0

人员的死亡概率与破片的质量、尺寸、形状、速度、击中位置等因素有关。若头部被击中则认为死亡概率为 1，躯干被击中则认为死亡概率为 0.8，四肢被击中则认为死亡概率为 0.5。此外，直升机反坦克导弹击穿坦克后，如果击穿的金属射流能量足够大，在狭小的空间内形成无数高温高速的金属液滴，足以使车内所有乘员死亡。

2. 系统的毁伤概率计算

采用平行射线扫描法进行系统的毁伤概率计算。平行射线扫描法是指根据给定的射击方向，将目标投影到与射击线垂直平面，在投影面内均匀划分网格，每个网格内随机分布一条射击线，用射击线模拟弹丸击中的部件毁伤情况，计算该网格对应的系统毁伤概率。采用 2.5cm×2.5cm 大小的网格进行平行射线扫描，在每个扫描网格内随机产生一条射击线，分析射击线击中的部件并根据故障树计算对应的系统毁伤概率。

为了便于分析装甲车辆在不同打击方向下的易损性，通常还采用易损面积法来定义毁伤概率，即

$$p_{\mathrm{K}} = L_{\mathrm{A}} / S_{\mathrm{A}} \tag{7-6}$$

$$S_{\mathrm{A}} = \sum\sum(\Delta X \times \Delta Y) \tag{7-7}$$

$$L_{\mathrm{A}} = \sum\sum(\Delta X \times \Delta Y \times p_{\mathrm{K}}(i,j) \mid p_{\mathrm{K}}(i,j) > 0) \tag{7-8}$$

式中，p_{K} 为基于毁伤面积的系统毁伤概率；L_{A} 为毁伤面积；S_{A} 为暴露面积；ΔX 为扫描网格长度；ΔY 为扫描网格宽度；$p_{\mathrm{K}}(i,j)$ 为对应网格上的系统毁伤概率。

7.2.5 空地导弹对坦克的作战效能计算

打击目标：M1A1 坦克。坦克的炮塔与本体的尺寸差异相对于导弹的射程来说很小，在研究导弹相对坦克的落点状态时可以不考虑。因此，分析导弹命中坦克的概率时可以把坦克简化成一个长方体。取坦克的几何中心为坐标原点 *o* 建立车体坐标系，原点与地平面平行指向车头方向为 *ox* 轴，原点沿竖轴向为 *oy* 轴，*oz* 轴与 *ox* 轴、*oy* 轴之间符合右手定则，可建立坦克目标的射击等效长方体和车体坐标系如图 7-5 所示，其中车长 9.83m、车宽 3.657m、车全高 2.375m。导弹对坦克的命中概率近似等于导弹对这个长方体目标的杀伤概率。

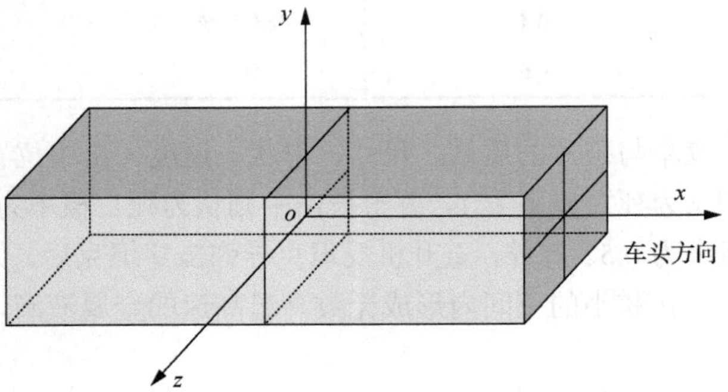

图 7-5 坦克目标的射击等效长方体和车体坐标系

攻击武器：空地导弹。假设其主要技术指标：射程 8000m，动破甲能力 400mm(68°)；在有效射程范围内命中概率不小于 90%(对 2.3m×2.3m 的固定靶或 2.3m×4.6m 并以 54km/h 横向运动的活动靶)。其中动破甲能力是导弹的核心威力指标，其描述如图 7-6 所示。

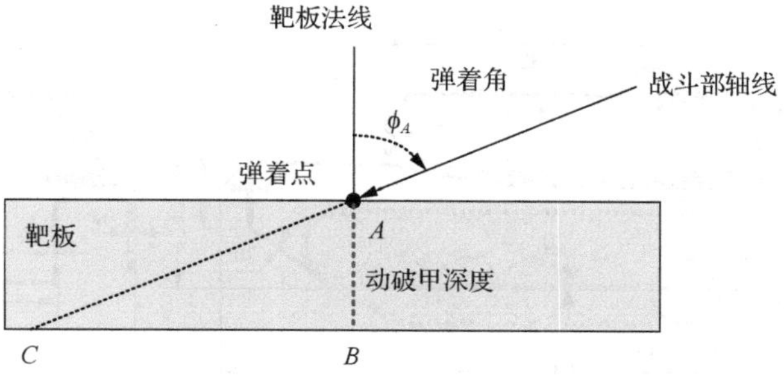

图 7-6　反坦克武器的动破甲能力描述

图中 A 为弹着点，弹着角 ϕ_A 是战斗部轴线与靶板法线所成的夹角，导弹在 $\phi_A = 68°$ 时动破甲深度 $l_{AB} = 400\text{mm}$，此时战斗部穿透装甲的实际深度为

$$l_{AC} = 400\text{mm} / \cos 68° = 1067.8\text{mm}$$

交战条件：定义射击线在水平面内的投影与坦克正前方的夹角为方位角 ψ（0°≤ψ≤360°，俯视图内逆时针方向旋转），射击线与水平面的夹角为俯仰角 θ（0°≤θ≤90°），攻击条件为：在距离坦克 2000～8000m 处，发射空地导弹对坦克进行攻击，其中俯仰角 θ 依次为 0°、30°、60°、90°，方位角 ψ 依次为 0°、45°、90°、135°、180°、225°、270°、315°。

设导弹命中目标的概率为 p_1，战斗部命中坦克上的特定部件的概率为 p_2，命中特定部件后的毁伤概率为 p_3，则空地导弹对坦克目标的杀伤概率 p 计算式为

$$p = p_1 \times p_2 \times p_3$$

(1) 目标命中概率。

导弹在有效射程范围内，对 2.3m×2.3m 的固定靶或 2.3m×4.6m 并以 54km/h 横向运动的活动靶的平均命中概率不小于 90%。M1A1 坦克的等效长方体尺寸为 9.83m×3.657m×2.375m，无论从哪个角度瞄准射击，其目标靶面积均大于 2.3m×2.3m，命中概率均应大于 90%，故可取 AKD-10 对 M1A1 的命中概率为：$p_1 = 90\%$。

(2) 部件毁伤概率。

根据交战条件，计算坦克部件的毁伤概率。计算时用到的 M1A1 坦克三视图及对应尺寸参见图 7-7。

具体计算步骤如下所示。

步骤 1：采用平行射线扫面法确立入射线和靶平面(过目标靶的中心且与射击线垂直的平面)，并计算目标在靶平面上的投影 s。

步骤 2：采用易损法计算各功能区在靶平面上的投影面积 s_i。如果该部位在靶平面上的投影被外部装甲以外的其他区间遮挡，则视易损性投影面积为 0；乘员、控制系统在穿透外部装甲后才构成毁伤，计算易损面积时要乘以穿透外部装甲的概率。

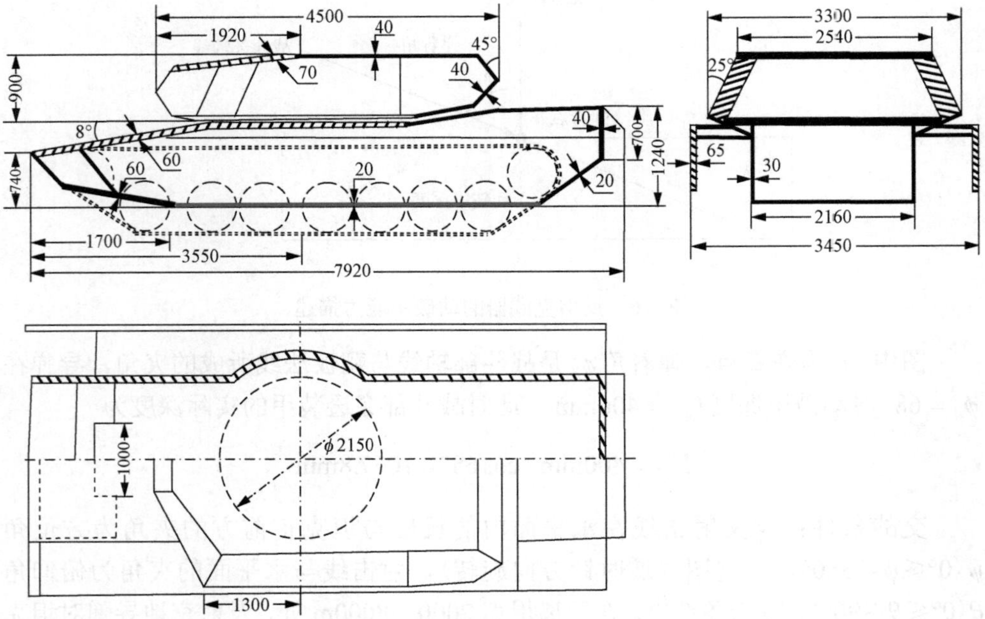

图 7-7　M1A1 坦克三视图(单位：mm)

步骤 3：计算部件相对于目标整体的命中概率 p_{iS}，计算公式为：$p_{iS} = s_i/s$。

步骤 4：分析坦克部件的击穿失效概率，得出 p_{iK}。

步骤 5：计算部件的毁伤概率 p_i，计算公式为：$p_i = p_{iS} \times p_{iK}$。

取$(\theta, \psi)=(0°, 0°)$，即用破甲弹从坦克正前方攻击时，坦克部件的毁伤概率计算结果见表 7-4。

表 7-4　坦克部件的毁伤概率计算结果[$(\theta, \psi)=(0°, 0°)$，正前方]

部件	符号	投影面积 s_i /m^2	相对命中概率 p_{iS}	击穿失效概率 p_{iK}	毁伤概率 p_i
外部装甲	X1	6.44	0.74	0.1	0.074
履带	X2	1.65	0.19	0.9	0.171
主动轮	X3	0	0	0.7	0
行动轮	X4	0	0	0.4	0
诱导轮	X5	0	0	0.6	0
发动机	X6	0	0	0.9	0
油箱	X7	0	0	0.9	0
控制系统	X8	0.26	0.03	1.0	0.03
瞄准系统	X9	0.174	0.02	0.9	0.018

续表

部件	符号	投影面积 s_i /m^2	相对命中概率 p_{iS}	击穿失效概率 p_{iK}	毁伤概率 p_i
炮管	X10	0.07	0.008	1.0	0.008
驾驶员	X11	0.782	0.09	0.9	0.081
车长	X12	0	0	0.9	0
炮长	X13	0	0	0.9	0
装填手	X14	0	0	0.9	0

注：(1) 坦克在靶平面的投影面积为 8.685m^2；

(2) 乘员、控制系统均在穿透外部装甲后才有毁伤，如果该部位在靶平面的投影被除装甲以外的其他区间遮挡，则视投影面积为 0；

(3) 乘员(包括驾驶员、车长、炮长、装填手)的击穿失效概率是指破甲弹攻入乘员舱后使乘员丧失能力的概率。

(3) 系统毁伤概率。

M 级毁伤概率的计算式为

$$\begin{aligned}p(\mathrm{M}) &= 1-(1-p(\mathrm{X2}))(1-p(\mathrm{X3}))(1-p(\mathrm{X4}))(1-p(\mathrm{X5}))\\&\quad\times(1-p(\mathrm{X6}))(1-p(\mathrm{X7}))(1-p(\mathrm{X8}))(1-p(\mathrm{X11}))\\&=1-(1-0.171)\times(1-0.03)\times(1-0.081)\\&=0.261\end{aligned}$$

F 级毁伤概率的计算式为

$$\begin{aligned}p(\mathrm{F}) &= 1-(1-p(\mathrm{X8}))(1-p(\mathrm{X9}))(1-p(\mathrm{X10}))(1-p(\mathrm{X11})p(\mathrm{X13}))\\&=1-(1-0.03)\times(1-0.018)\times(1-0.008)\times(1-0.081\times 0)\\&=0.055\end{aligned}$$

P 级毁伤概率的计算式为

$$\begin{aligned}p(\mathrm{P}) &= 1-(1-p(\mathrm{X11}))(1-p(\mathrm{X12}))(1-p(\mathrm{X13}))(1-p(\mathrm{X14}))\\&=1-(1-0.081)=0.081\end{aligned}$$

MoFoP 级毁伤是上述三种毁伤的综合，故 MoFoP 级毁伤概率的计算式为

$$\begin{aligned}p(\mathrm{MoFoP}) &= 1-(1-p(\mathrm{M}))(1-p(\mathrm{F}))(1-p(\mathrm{P}))\\&=1-(1-0.261)\times(1-0.055)\times(1-0.081)\\&=0.358\end{aligned}$$

重复以上操作步骤，可计算以不同入射线攻击坦克的毁伤概率(填入表 7-5，其中表格中的内容为($p(\mathrm{M})$ ，$p(\mathrm{F})$ ，$p(\mathrm{P})$ ，$p(\mathrm{MoFoP})$)。

表 7-5　不同交战条件下的坦克目标毁伤概率

方位角 ψ \ 俯仰角 θ	0°	90°
0°	(0.261，0.055，0.081，0.358)	—
45°	—	
90°	—	
135°	—	
180°	—	
225°	—	
270°	—	
315°	—	

坦克侧面(90°, 0°)的 M 级毁伤概率要高于坦克正面(0°, 0°)和背面(180°, 0°)的 M 级毁伤概率，这是因为履带在侧面暴露面积要高于正面和背面的暴露面积，而较大的行动轮的击中失效概率较低。同样，炮管及瞄准系统侧面的暴露面积高于正面及背面，因此坦克侧面的 F 级毁伤概率要高于坦克正面和背面的 F 级毁伤概率。坦克的 P 级毁伤概率在背面最高而在正面和侧面均较低，这主要是因为正面装甲、侧面装甲均比背面装甲厚。

7.3　空 中 目 标

武装直升机攻击的空中目标主要是低空飞行器，包括低空飞行的飞机和各类直升机等。空中目标的类型不同，其毁伤特性也不同；同一目标受到损伤的部位不同，对整个目标功能的影响程度也不完全相同。飞行器某些部位受到损伤时，就会坠毁或丧失完成预期作战任务的能力，这些部位称为目标的易损部位或致命部位；其余部位则称为非易损部位或非致命部位。这样，可将空中目标的毁伤特性分析归结为空中目标的易损性分析。

7.3.1　空中目标的毁伤描述

空中目标的毁伤特性可用毁伤概率 p_K 和毁伤等级进行描述，其中毁伤概率与生存能力密切相关。

生存能力(survivability)是指飞行器躲避和承受人为敌对环境威胁的能力，用飞行器不被威胁杀伤的生存概率 p_S 表示。人为敌对环境威胁包括由空中武器平台发射的空空导弹、枪炮弹丸和地对空导弹系统、高炮等。

易损性(vulnerability)是指飞行器承受人为敌对环境威胁能力的量度，可用飞行器在被威胁命中情况下被杀伤的概率 $p_{K/H}$ 来度量。

敏感性(susceptibility)是飞行器躲避人为敌对威胁能力的量度，可用飞行器被人为敌对环境威胁命中的概率 p_{H} 来度量。

从概率分析角度，四者之间有如下关系：

生存概率

$$p_{\mathrm{S}} = 1 - p_{\mathrm{K}} \tag{7-9}$$

毁伤概率

$$p_{\mathrm{K}} = p_{\mathrm{H}} \times p_{\mathrm{K/H}} \tag{7-10}$$

在确定目标被毁伤后，需要描述目标的毁伤程度。飞行器的毁伤程度可采用毁伤等级进行描述，通常分为以下六个等级。

KK 级破坏：命中后飞行器立即解体；

K 级破坏：命中后 30s 内丧失人工控制能力；

A 级破坏：命中后 5min 内丧失人工控制能力；

B 级破坏：命中后 30min 内丧失人工控制能力；

C 级破坏：命中后不能执行任务，必须立即返航；

E 级破坏：飞行器能够返航，但不能再次出航执行任务。

从实用性和可行性考虑，目前一般采用 KK 级和 C 级评价飞行器的破坏程度。

7.3.2　空中目标的毁伤分析方法

在分析空中目标的毁伤特性时，要尽可能多地获得与目标相关的技术数据，如几何尺寸、布局安装、工作机理、装甲防护情况等。然后遵照以下步骤进行分析。

(1) 建立目标的几何模型。可从左侧、右侧、前方、后方、顶部、底部六个方向分别绘制出视图，并标明尺寸。

(2) 计算目标在六个方向上的投影面积 A^{L} 、 A^{R} 、 A^{F} 、 A^{B} 、 A^{T} 、 A^{D} 和总被弹面积 A ，则有

$$A = A^{\mathrm{L}} + A^{\mathrm{R}} + A^{\mathrm{F}} + A^{\mathrm{B}} + A^{\mathrm{T}} + A^{\mathrm{D}} \tag{7-11}$$

(3) 划分目标的关键性部位，共有 n 个，并赋予编号 i $(i = 1, 2, \cdots, n)$ 。

(4) 计算目标在六个方向上各功能部位的面积 A_i^S （ $i = 1, 2, \cdots, n$ ， $S \in \{\mathrm{L}, \mathrm{R}, \mathrm{F}, \mathrm{B}, \mathrm{T}, \mathrm{D}\}$ ），该面积即为部件的被弹面积。如果某方向上 A_i 被遮挡，则令这一方向上 A_i^S 的投影面积为 0。

(5) 计算各功能部位的全向被弹面积 A_i ：

$$A_i = \sum_{S=1}^{6} A_i^S, \quad S \in \{\mathrm{L}, \mathrm{R}, \mathrm{F}, \mathrm{B}, \mathrm{T}, \mathrm{D}\}, i \in \{1, 2, \cdots, n\} \tag{7-12}$$

(6) 计算各功能部位的命中概率 $p_{\mathrm{h}i}(i=1,2,\cdots,n)$。在计算时要考虑命中弹的分布情况。

(7) 分析各功能部位的纯易毁概率 $p_{\mathrm{e}i}(i=1,2,\cdots,n)$。该概率反映了各功能部位相对于飞行器的“要害度”，其取值区间均为[0, 1]。

(8) 结合弹丸类型计算部件的条件毁伤概率 $p_{i\mathrm{K/H}}(i=1,2,\cdots,n)$。条件毁伤概率与部件的“硬度”、弹药威力和命中弹数量等有关。

(9) 根据部件的毁伤情况、部件对全目标的毁伤规律和目标的毁伤等级划分标准进行综合分析计算，求出目标整体的毁伤情况，并评定目标毁伤等级。

7.3.3　典型空中目标的毁伤分析

以具有代表性的武装直升机(图 7-8)为例，说明空中目标的毁伤分析方法。

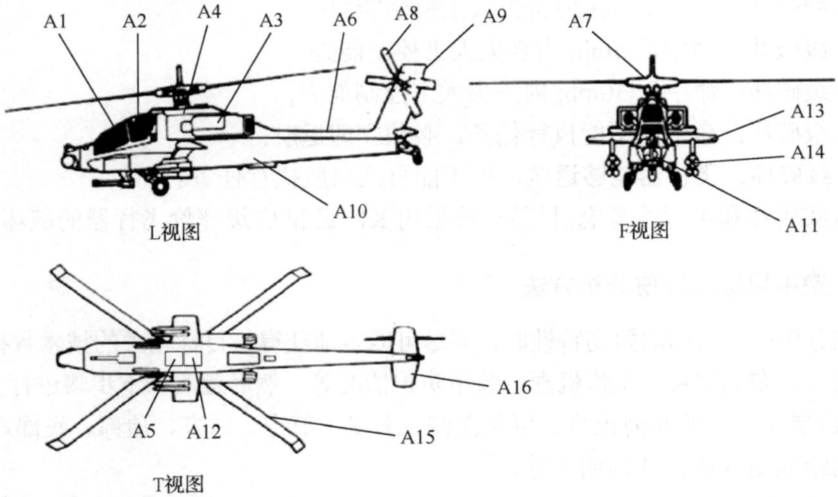

图 7-8　武装直升机易损性分析

图中标记的 L、F、T 分别为左视图、前视图和顶视图。按功能区划分为座舱罩(A1)、座舱(A2)、发动机(A3)、减速器(A4)、前油箱(A5)、尾梁(A6)、桨毂(A7)、尾桨(A8)、立尾(A9)、设备舱(A10)、装甲舱(A11)、后油箱(A12)、前翼(A13)、武器吊舱(A14)、旋翼(A15)、尾翼(A16)共 16 个部位。

分析毁伤特性的步骤如下所示。

(1) 计算直升机左、右、前、后、上、下六个方向上的投影面积分别为 A^{L}、A^{R}、A^{F}、A^{B}、A^{T}、A^{D}，则目标总被弹面积为

$$A=A^{\mathrm{L}}+A^{\mathrm{R}}+A^{\mathrm{F}}+A^{\mathrm{B}}+A^{\mathrm{T}}+A^{\mathrm{D}}$$

(2) 计算直升机六个方向上各功能部位的面积 A_i^S（$i=1,2,\cdots,16$，$S\in\{\mathrm{L},\mathrm{R},$

F,B,T,D})。如果某方向上 A_i 被遮挡，则令这一方向上 A_i^S 的投影面积为 0。

(3)计算各功能部位的全向被弹面积 A_i：

$$A_i=\sum_{S=1}^{6}A_i^S,\quad S\in\{\mathrm{L,R,F,B,T,D}\},i\in\{1,2,\cdots,16\}$$

(4)计算各功能部位的命中概率 $p_{\mathrm{h}i}(i=1,2,\cdots,16)$。虽然命中弹在各向应为正态分布，但各向瞄准点都是随机变化的，因此可以假设在目标全向被弹面积内，发射弹命中为均匀分布，则有

$$p_{\mathrm{h}i}=A_i/A,\quad i=1,2,\cdots,16$$

(5)分析各功能部位的纯易毁概率 $p_{\mathrm{e}i}(i=1,2,\cdots,16)$。$p_{\mathrm{e}i}$ 表征了直升机各功能部位的“要害度”，其取值区间均为[0, 1]，且具有相容性，即 $\sum_{i=1}^{16}p_{\mathrm{e}i}\neq 1$。

$p_{\mathrm{e}i}$ 的取值受到有无装甲防护及防护程度、对飞行安全的影响、对任务效能发挥的影响等，分析计算时要充分利用技术数据和专家经验。在计算时通常结合效能评估指标(机动能力、打击能力、防护能力、C3I 能力等)，采用解析计算的方法(推荐用层次分析法或模糊综合评判法)分析计算 $p_{\mathrm{e}i}$ 的取值。

(6)计算条件毁伤概率 $p_{i\mathrm{K/H}}(i=1,2,\cdots,16)$。条件毁伤概率与部件“硬度”、弹药威力、命中弹数量有关，即与“弹-靶”组合有关。即使对于同一目标(某型直升机)的同一部位，不同的弹药威力也会造成不同的 $p_{i\mathrm{K/H}}$。当弹药威力较大时(如采用导弹战斗部)，一发便可击毁 A_i；但当弹药威力不足时(如采用航炮、航枪的弹丸)，则可能发生多种情况。

计算条件毁伤概率时，要具体分析弹丸对目标的毁伤机制，可供选择的毁伤计算模型有“0-1”毁伤律、并联毁伤模型(指数毁伤律)、串联毁伤模型(通用毁伤律)等。

将部件的毁伤特性记录在表 7-6 中。

表 7-6 直升机的毁伤特性分析表

部件编号	部位名称	被弹面积 A_i	命中概率 $p_{\mathrm{h}i}$	纯易毁概率 $p_{\mathrm{e}i}$	条件毁伤概率 $p_{i\mathrm{K/H}}$
1	座舱罩	—	—	—	—
2	座舱	—	—	—	—
3	发动机	—	—	—	—
4	减速器	—	—	—	—
5	前油箱	—	—	—	—

续表

部件编号	部位名称	被弹面积 A_i	命中概率 p_{hi}	纯易毁概率 p_{ei}	条件毁伤概率 $p_{iK/H}$
6	尾梁	—	—	—	—
7	桨毂	—	—	—	—
8	尾桨	—	—	—	—
9	立尾	—	—	—	—
10	设备舱	—	—	—	—
11	装甲舱	—	—	—	—
12	后油箱	—	—	—	—
13	前翼	—	—	—	—
14	武器吊舱	—	—	—	—
15	旋翼	—	—	—	—
16	尾翼	—	—	—	—

(7)将部件的毁伤情况进行综合，计算出直升机目标的全机毁伤情况，据此评定毁伤等级。

说明：在分析目标的毁伤特性时，要尽量使用具体目标直升机的实际结构和采集到的原始数据。

7.4　地面指挥所

指挥所承担着战场通信、情报收集和指挥控制等任务，在作战中承担着“神经中枢”的作用，也是交战双方保存和攻击的重点。直升机攻击的指挥所包括陆军指挥所、航空兵和地空导弹分队的指挥中心等。这些指挥所从机动性角度可分为固定指挥所、机动指挥所两大类，其中固定指挥所一般为钢筋混凝土结构，较为坚固，本节重点分析这类指挥所的毁伤特性。

7.4.1　指挥所的毁伤效率指标

指挥所的要害部位是指挥所主体楼(含地下室)。毁伤指挥所的条件为：使通信枢纽或作战行动指挥中心(指挥组)在毁伤等级要求的时间内停止发挥作用。决定等效毁伤区范围的典型目标为通信枢纽的天线阵地，是不规则地分布在一定面积范围内的一组目标，突击时须按照面状目标进行计算；对于指挥所而言，该目标是立体的。

体目标各组成部分的易损性不完全相同，被毁伤的程度也不一样。在工程上为便于处理，假定目标的毁伤程度与被毁伤体积成正比。在此假设下，用相对毁伤体积 V_r 来衡量目标的毁伤程度，即

$$V_r = V_d / V_t \tag{7-13}$$

式中，V_d 为目标毁伤体积；V_t 为目标总体积。

(1) 当要求对目标予以最大可能的毁伤时，取相对毁伤体积的数学期望 $M = E(V_r)$ 作为毁伤效率指标。

(2) 当要求对目标相对毁伤体积不低于某一给定值时，取相对毁伤体积不小于给定值 V_0 的概率 $P = P(V_r \geqslant V_0)$ 作为毁伤效率指标。

7.4.2　毁伤效率指标的数学计算模型

为了建立毁伤效率指标的数学计算模型，作如下假设：

(1) 研究主要针对长方体目标、球目标和圆柱体目标，对于不规则的体目标通过体积等效法将其转化为上述三类目标；

(2) 导弹的毁伤区域是以其毁伤半径 R_d 为半径的球形；

(3) 单发射击时目标毁伤体积 V_d 为导弹毁伤区覆盖目标的区域体积。

相对毁伤体积的大小取决于爆炸点 (x,y,z)，即 $V = V(x,y,z)$。若导弹爆炸点的散布概率密度函数为 $f(x,y,z)$，则导弹对体目标的相对毁伤体积的数学期望为

$$E(V) = \iiint V(x,y,z) f(x,y,z) \mathrm{d}x\mathrm{d}y\mathrm{d}z \tag{7-14}$$

相对毁伤体积不小于给定值 V_0 的概率为

$$P = P(V \geqslant V_0) = \iiint\limits_{V > V_0} V(x,y,z) f(x,y,z) \mathrm{d}x\mathrm{d}y\mathrm{d}z \tag{7-15}$$

1. 长方体目标

设长方体目标的长、宽、高的一半分别为 L_{1x}、L_{1y}、L_{1z}。将长方体分成 $n_1 \times n_2 \times n_3$ 份小长方体，并取

$$\begin{cases} \mathrm{d}x = (2L_{1x}) / n_1 \\ \mathrm{d}y = (2L_{1y}) / n_2 \\ \mathrm{d}z = (2L_{1z}) / n_3 \end{cases}$$

统计小长方体位于导弹毁伤区的总数，近似可得 $V(x,y,z) = W / (n_1, n_2, n_3)$。

为了简化计算，对导弹的毁伤区进行等体积的变换，用等体积的正方体代替球体，并设此正方体的各边与长方体各边互相平行，则此等效正方体边长的一半为 $L_{2x} = L_{2y} = L_{2z} = \sqrt[3]{\pi / (6R_d)}$。对长方体目标的相对毁伤体积如图 7-9 所示。

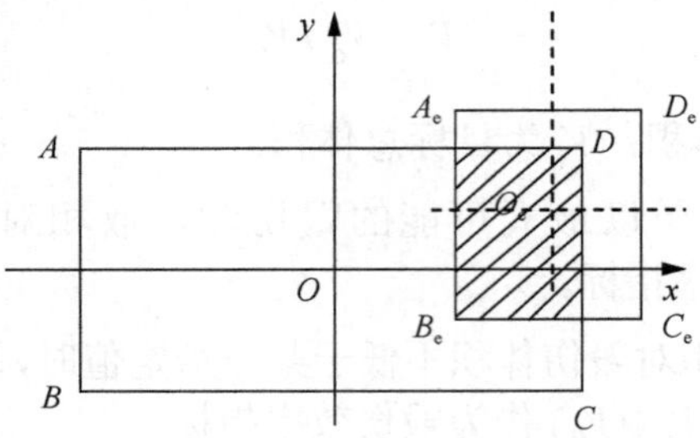

图 7-9　对长方体目标的相对毁伤体积

图 7-9 中以目标中心为坐标原点 O，建立直角坐标系 xOy，将体目标投影到 xOy 面上，x 轴、y 轴分别平行于目标的长、宽，则边长 BC 长为 $2L_{1x}$，边长 AB 长为 $2L_{2y}$，导弹的爆炸点为 $O_e(x_e, y_e, z_e)$，投影到 xOy 面上，爆炸点为 $O_e(x_e, y_e)$，正方形 $A_eB_eC_eD_e$ 为导弹的毁伤区域在 xOy 面上的投影。

等效正方体与目标重合的相对边长和相对毁伤体积可由式(7-16)求出：

$$\begin{cases} L_p = \begin{cases} 0, & p \in (-\infty, -L_{1p} - L_{2p}) \text{或} p \in (L_{1p} + L_{2p}, +\infty) \\ (L_{1p} + L_{2p} + p) / (2L_{1p}), & p \in (-L_{1p} - L_{2p}, -\left|-L_{1p} - L_{2p}\right|) \\ \min\left|L_{2p} / L_{1p}, 1\right|, & p \in (-\left|-L_{1p} - L_{2p}\right|, \left|L_{1p} - L_{2p}\right|) \\ (L_{1p} + L_{2p} - p) / (2L_{1p}), & p \in (-L_{1p} - L_{2p}, -\left|-L_{1p} - L_{2p}\right|) \\ p = x, y, z \end{cases} \\ V(x, y, z) = L_x L_y L_z \end{cases} \tag{7-16}$$

2. 球目标(半径为 R_t)

对球目标的相对毁伤体积如图 7-10 所示。

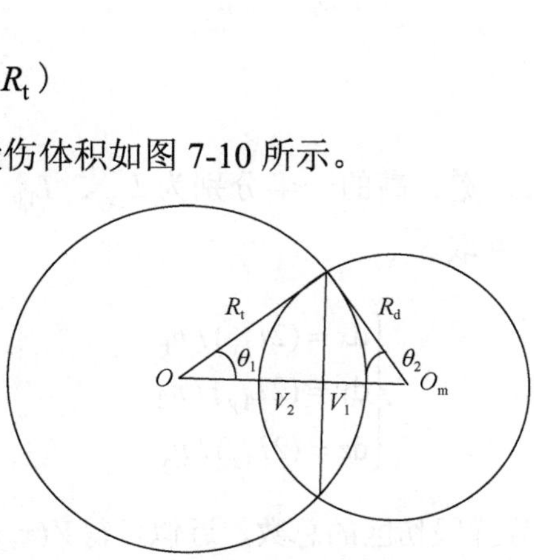

图 7-10　对球目标的相对毁伤体积

图 7-10 中，R_t 是球目标的半径，R_d 是导弹毁伤半径，V_1、V_2 分别是两球体相交部分被相交线所在平面切割后的体积。

以球目标的球心为坐标原点 O，导弹的爆炸点 O_m 坐标为 (x,y,z)，可推导出相对毁伤体积为

$$V(x,y,z)=\begin{cases}0, & \rho>R_t+R_d\\(V_1+V_2)/(4\pi R_t^3/3), & |R_t-R_d|\leqslant\rho\leqslant R_t+R_d\\\min|R_d^3/R_t^3,1|, & \rho<|R_t-R_d|\end{cases}\tag{7-17}$$

$$V_1=\frac{\pi}{3}R_t^3(1-\cos\theta_1)(1-\cos\theta_1+\sin^2\theta_1)$$

$$\rho=|OO_m|=\sqrt{x^2y^2z^2}$$

$$V_2=\frac{\pi}{3}R_d^3(1-\cos\theta_2)(1-\cos\theta_2+\sin^2\theta_2)$$

$$\theta_1=\arccos\frac{R_t^2-R_d^2+\rho^2}{2\rho R_t}$$

$$\theta_2=\arccos\frac{R_d^2-R_t^2+\rho^2}{2\rho R_d}$$

3. 圆柱体目标

设圆柱体目标底面半径为 R_t，高的一半为 h。采用数值方法，将圆柱体分成 $n_1\times n_2\times n_3$ 份小块，有

$$\begin{cases}dx=(2L_{1x})/n_1\\dy=(2L_{1y})/n_2\\dz=(2L_{1z})/n_3\end{cases}\tag{7-18}$$

则小块的面积为 $dV=rdrd\theta dz$。

统计小块中心位于导弹毁伤区内体积之和 V'，则 $V(x,y,z)=V'/(2\pi R_t^2h)$。

7.4.3 仿真计算方法

假定导弹的命中点服从正态分布，且 X、Y、Z 是相互独立的随机变量，分别服从一维正态分布 $X\sim N(x_d,\sigma_1^2)$，$Y\sim N(y_d,\sigma_2^2)$，$Z\sim N(z_d,\sigma_3^2)$。σ_1、σ_2、σ_3 分别为导弹在 x、y、z 方向的射击偏差。V 也是一个随机变量，因此采用蒙特卡罗法计算 V 的数学期望 $E(V)$，V 的抽样可依据随机变量 X、Y、Z 的抽样得到。设 X、Y、Z 的一次抽样值为 x_i、y_i、z_i，即

$$\begin{cases} x_i = x_{\mathrm{d}} + \sigma_1 \rho_i \cos\theta_i \\ y_i = y_{\mathrm{d}} + \sigma_2 \rho_i \sin\theta_i \\ z_i = z_{\mathrm{d}} + \sigma_3 \rho_i' \sin\theta_i' \end{cases} \tag{7-19}$$

式中，$\rho_i = \sqrt{-2\ln r_{1i}}$，$\theta_i = 2\pi r_{2i}$，$\rho_i' = \sqrt{-2\ln r_{1i}'}$，$\theta_i' = 2\pi r_{2i}'$，$r_{1i}$、$r_{2i}$、$r_{1i}'$、$r_{2i}'$（$i=1,2,\cdots,N$）分别服从[0, 1]上均匀分布的独立随机数。

对V抽取容量N的一组样本V_i（$i=1,2,\cdots,N$），则V的数学期望为

$$M = E(V) = \iiint V(x,y,z) f(x,y,z)\mathrm{d}x\mathrm{d}y\mathrm{d}z = \lim_{N\to\infty}\frac{1}{N}\sum_{i=1}^{N} V_i$$

当N取足够大时，$E(V)$的近似估计值为$\hat{M} = \frac{1}{N}\sum_{i=1}^{N} V_i$。其估计误差$\varepsilon = \left|\hat{M} - M\right| < \varepsilon_0$，具有置信水平$\alpha$的样本数$N_0$为

$$N_0 \approx u_{\alpha/2}^2 \frac{\sigma^2}{\varepsilon_0^2} \tag{7-20}$$

式中，$u_{\alpha/2}^2$为置信水平α对应的分位数；σ^2为N_p次预试验得到的样本方差。

对样本V_i（$i=1,2,\cdots,N$）进行统计，得出$V_i > V_0$的样本数为N_0，则相对毁伤体积V_{r}不小于给定值V_0概率为

$$P = P(V_{\mathrm{r}} \geqslant V_0) = \iiint_{V_{\mathrm{r}} > V_0} V(x,y,z) f(x,y,z)\mathrm{d}x\mathrm{d}y\mathrm{d}z = \lim_{N\to\infty}\frac{N_0}{N}$$

当N取足够大时，P的近似估计值为$\hat{P} = N_0 / N$。其估计误差$\varepsilon = \left|\hat{P} - P\right| < \varepsilon_0$，具有置信水平$\alpha$的样本数$N_0$为

$$N_0 \approx u_{\alpha/2}^2 \frac{P(1-P)}{\varepsilon_0^2} \tag{7-21}$$

7.5 其他目标

1. 人员目标

人员在战场上易受许多杀伤手段毁伤，最重要的手段有破片、冲击波、化学毒剂、生物战剂以及热辐射、核辐射等。武装直升机携带的空地导弹、火箭弹、

航炮等对人员的毁伤主要是靠战斗部破片、冲击波和热辐射；其最终目标是使人丧失行使预定职能的能力。

(1)破片杀伤。破片对人员的毁伤由破片的散布面积、数量、质量、形状和着速等确定，这些因素将决定创伤的深度、大小和轻重程度。

(2)冲击波杀伤。冲击波对人员的毁伤主要取决于爆炸时伴随的峰值超压和瞬时风动压的幅值和持续时间。

(3)热辐射。热辐射对人员的毁伤可分为闪光烧伤和火焰烧伤两种：闪光烧伤发生在人体未受衣服遮蔽的小面积部位上；火焰烧伤则能在身体的大部分区域出现，引起衣物的燃烧。

人员毁伤的评价指标通常有毁伤概率 p_i 和毁伤数量 $E(i)$ 两类：

p_i 为第 i 号目标(班、排、连、营等)的人员毁伤概率；

$E(i)$ 为第 i 号目标(班、排、连、营等)的人员毁伤数量，是战斗部毁伤人员的期望值，由战斗部的毁伤面积、单位面积内毁伤人员的数量和伤亡程度等共同决定。

2. 机场目标

军用机场通常有单跑道和双跑道两种。双跑道机场由一条主跑道、一条备用道和三条联络道组成；另外还有露天停机坪上的飞机、飞机掩体库，以及各种保障设施等。在作战中首要攻击的是跑道。为了有效破坏和封锁敌方机场跑道，阻止敌作战飞机的起飞和降落，对跑道的毁伤需达到一定的弹坑密度和分布范围。

跑道属于面/线目标，考虑到封锁效率，通常采用子母弹型战斗部。机场各型飞机起降所需的最小起降跑道称为该机场的最小起降窗口(minimum landing window，MLW)，一般为矩形，尺寸由作战飞机战技指标决定，有 800m×20m、400m×20m、400m×15m 等。

机场跑道由底层的路基、底基层、下垫层和表面层等几部分组成；最底层的路基由土质构成，底基层和下垫层由卵石、砾石或人造结构材料构成，表层为混凝土。当子弹于终点处爆炸时，在跑道表层内形成漏斗坑，使跑道遭到毁坏，具体的破坏程度随装药尺寸、目标离炸点的距离、爆炸高度、介质特性及目标抗冲击波能力而异。

用子母弹封锁机场跑道时可将毁伤情况划分为以下三个等级。

N 级毁伤：无毁伤；

F 级毁伤：跑道被暂时封锁，给定时段内(通常 24h)不能修复；

K 级毁伤：跑道被封锁，战时不能修复。

各级毁伤情况用封锁概率来描述，具体计算步骤如下所示。

(1) 计算瞄准点的位置。假设跑道为均匀线目标，瞄准点以目标中心点为中心对称等间隔分布。

(2) 计算母弹和子弹的模拟落点。

假设发射 M 枚子母弹，瞄准点坐标为 (X_{0i},Y_{0i})，r_1、r_2 分别为均匀分布函数，进行如下变换：

$$\begin{cases} u=\sqrt{-2.0\ln r_1}\cos(2\pi r_2) \\ v=\sqrt{-2.0\ln r_1}\sin(2\pi r_2) \end{cases} \tag{7-22}$$

则 (u,v) 为服从 $N(0,1)$ 的正态分布随机数。

第 i 枚母弹抛撒落点坐标 (X_i,Y_i) 为

$$\begin{cases} X_i = X_{0i} + u\text{CEP}/1.1774 \\ Y_i = Y_{0i} + v\text{CEP}/1.1774 \end{cases} \tag{7-23}$$

式中，CEP 表示圆概率偏差。

第 i 枚母弹的第 j 枚子弹落点坐标计算式为

$$\begin{cases} X_{ij} = X_i + R\sqrt{r_1'}\cos(2\pi r_2') \\ Y_{ij} = Y_i + R\sqrt{r_1'}\sin(2\pi r_2') \end{cases} \tag{7-24}$$

(3) 根据子弹落点及毁伤能力判断是否存在 MLW，计算跑道封锁概率和毁伤等级。

3. 桥梁目标

桥梁是战时导弹攻击的重要目标之一。在实际战争中，攻击桥梁目标一般使用杀爆弹，对桥梁目标的毁伤半径可达数十米，并且完全可能造成桥梁功能的瘫痪。

桥梁毁伤指标的选取与作战目标有关，实际应用中很难找到一组通用的与目标无关的毁伤指标。目标的几何易损性和功能易损性是目标易损性研究的两个方面，毁伤效果指标的选取与计算必须同时兼顾战斗部对目标物理上的硬毁伤和作战意图对目标功能的毁伤要求。目标功能的损伤程度指标要能反映目标功能的受毁伤程度、毁伤程度的概率、功能失效时间三个维度。

根据桥梁目标的特点，选取桥梁遭导弹打击后最大可用车道数、最大承载力与失效时间对桥梁的毁伤程度进行度量。

第 8 章　仿真体系结构与作战仿真平台

随着计算技术、计算机技术、通信技术和系统技术等相关领域科学技术的发展，以及建模与仿真技术自身的发展，对真实系统进行仿真的能力越来越强，仿真应用的范围也越来越广泛。在军用仿真中，既有武器装备构造级的仿真，也有战术、战役甚至战略级的作战仿真。随着作战仿真规模的扩大，参战的实体越来越多，系统的结构也越来越复杂；为了使众多的参战实体在仿真中既能够正确解算，又能够实时交互、统一推进，必须解决好作战仿真中实体模型的描述与表示、仿真运行中的数据交互格式和时间管理等方面的一致性和效率问题，提出在建模与仿真中基于统一的技术体系结构和仿真平台的需求。

本章阐明仿真技术的发展历程，描述主要的仿真技术体系结构，并介绍当前常用的作战仿真平台，为开发作战仿真系统的技术体系结构设计和仿真开发平台选型提供参考和依据。

8.1　仿真技术的发展历程

仿真技术的发展经历了从集中式到分布式，从定量仿真到定性定量相结合的仿真，从单一粒度仿真到多粒度、多侧面协同仿真的过程。军事领域是仿真技术最主要的应用领域；仿真技术的每一次进步都与军事领域应用的推动密切相关。自 20 世纪 80 年代中期美国国防部提出先进分布式仿真(advanced distributed simulation，ADS)的概念以来，分布式仿真已成为仿真领域研究的热点和复杂大系统仿真的必然选择。分布式仿真技术的发展主要经历了 SIMNET、DIS、ALSP 和 HLA 四个阶段。

(1) SIMNET (simulator networking) 是 1983 年美国国防部高级研究计划局(Defense Advanced Research Projects Agency，DARPA)与美国陆军共同制定的一项网络仿真器研究计划，将分散在各地的训练仿真器通过网络连接起来创建一个虚拟的战场环境，进行各项复杂任务的训练。该项目历时 8 年，连接了分布在不同场地的 250 个仿真器，最多时实体数达到了约 850 个，实现了实体级的仿真互连和各仿真节点自治。

(2) 分布交互仿真(distributed interactive simulation，DIS)是在 SIMNET 计划的基础上发展起来的。DIS 通过计算机网络将位于不同地理位置的符合 DIS 标准的仿真系统连接起来构成一个异构的综合作战环境，用于武器系统性能评估、作战演练和人员训练等。DIS 强调实体的概念，属于实体级仿真，支持真实仿真和虚拟仿真，但对构造仿真的支持度不够。

(3) 聚合级仿真协议(aggregate level simulation protocol，ALSP)是 MITRE 公司在 DARPA 的资助下提出的协议，旨在将分布在不同地点的聚合级训练仿真系统集成。与 DIS 相比，ALSP 引入了数据管理和属性所有权管理，解决了分布式仿真中逻辑时间同步的问题，可较好地支持构造仿真的分布式运行，但不能实现与真实仿真和虚拟仿真的互操作。

(4) 高层体系结构(high level architecture，HLA)是美国国防部建模与仿真办公室(Defense Modeling and Simulation Office，DMSO)于 1995 年提出的。HLA 采用客户/服务器的模式，制定了一系列接口规范并引入了运行服务系统(run time infrastructure，RTI)，将仿真应用模型、仿真支撑服务和底层数据传输三方面分离开，使仿真工作者只需集中于仿真功能的开发而不必考虑网络通信和仿真管理等方面的实现细节。由于 HLA 具有良好的可扩充性和重用性，DMSO 要求美国下一代开发的作战仿真系统都基于该体系结构；后来根据该体系结构制定的 IEEE 1516 系列仿真标准被采纳国际工业标准。

8.2 仿真系统的体系结构

作战仿真系统一般都是较为复杂的大系统，通常需要采用分布式仿真技术。从 1983 年至今，先进分布仿真经历了 SIMNET－DIS 与 ALSP—HLA 三代技术的发展，提出了 DIS、ALSP 和 HLA 三种体系结构。

8.2.1 分布交互仿真

DARPA 在 SIMNET 的基础上发展了异构型网络互联的 DIS 系统。该系统定义了一种连接不同地理位置上的不同类型仿真系统的基本框架，把基于不同目的的系统、不同年代的技术、不同厂商的产品和不同军种的平台连接在一起并允许它们互操作。

DIS 系统采用了一致的结构、标准、通信协议、通信服务、数据库和算法，通过网络将分散在各地不同类型的仿真系统互联起来，建立一种人可以参与交互作用的时空一致的综合环境。DIS 系统具有如图 8-1 所示的体系结构。其中，组元间虚拟网一般为 WAN，演练管理节点连接在该网上，由仿真管理员操作并进行全系统演练管理；场所管理连接在组元内虚拟网上，该网一般为 LAN，由场所管理员进行管理；而节点管理位于每个节点上，对节点上的仿真实体进行管理。

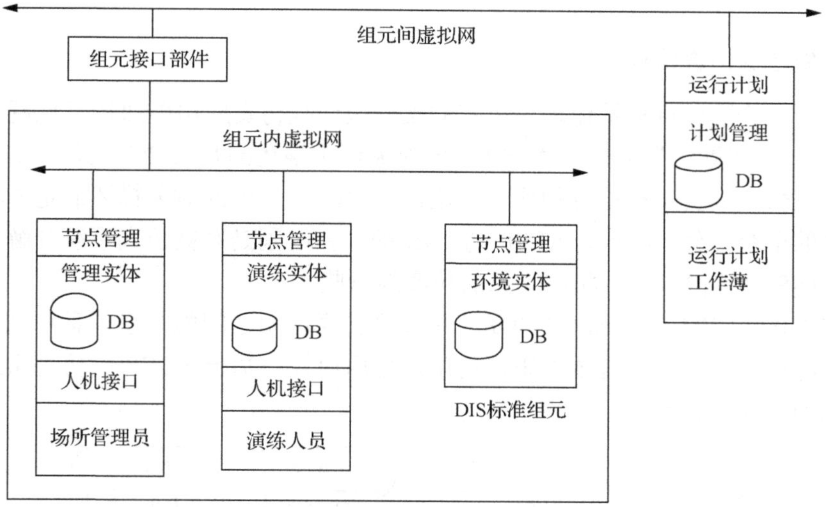

图 8-1　DIS 系统的体系结构

DIS 系统已于 1995 年成为 IEEE 1278 系列标准，具有以下的特点。

(1) 分布性：DIS 系统中没有中央计算机，其计算能力是分布的，其次 DIS 系统各节点在地理位置上是分布的，节点间通过 LAN 或 WAN 连接；

(2) 交互性：DIS 系统中实体包括含人的虚拟实体、计算机生成的构造实体和实际存在的现实实体三类，各实体之间以及实体与环境之间都具有交互作用；

(3) 异构性：DIS 系统可以包含具有不同硬件平台和操作系统的节点；

(4) 伸缩性：在 DIS 系统中，实体可以随心所欲地加入或离开 DIS 演练；

(5) 一致性：空间一致性和时间一致性。

DIS 技术从诞生后经过十几年的发展，逐步得到完善，在实体类型、实体交互层次、作战仿真规模上都有扩展；另外，可支持的实体数量也大大增加，但是仍然存在一些技术问题。

(1) 体系结构方面：由于 DIS 系统采用广播式通信，随着实体数量和类型的增加、应用领域的拓宽，体系结构在可扩展性和通信效率方面的缺陷日益突出；

(2) 环境和实体模型的一致性方面：DIS 系统的核心是互操作性，各节点上的仿真软件在网络互联基础上的互操作要求环境模型具有一致性，而各节点仅提供了环境的局部表示，因此可能导致环境的不一致；

(3) 系统的管理方面：当 DIS 系统场所增加，实体种类和数量增加时，有效的管理就变得困难了；

(4) VVA (校核、验证与确认) 方面：分布式仿真系统的 VVA 尚无较好的解决方法；

(5) 应用范围方面：DIS 一般用于实时仿真系统，限制了其应用范围。

8.2.2 聚合级仿真协议

ALSP 的设计目标是使多个已有的聚合级作战仿真应用能通过局域网或广域网互相交互。“聚合”指的是 ALSP 中的对象通常描述的是聚合的实体，如一个包含作战武器、人员、补给等的作战单位，而 DIS 协议中的对象描述的是如单个车辆这样的单个实体。因此，ALSP 与 DIS 的主要区别是对被仿真系统分解的层次不同，DIS 分解得深些，相应对象的粒度细一些。

与 DIS 协议类似，ALSP 也是一组允许仿真应用之间能共享信息和交互的协议，同时提供了一组系统软件来帮助用户使用协议。基于 ALSP 的仿真系统的体系结构如图 8-2 所示。

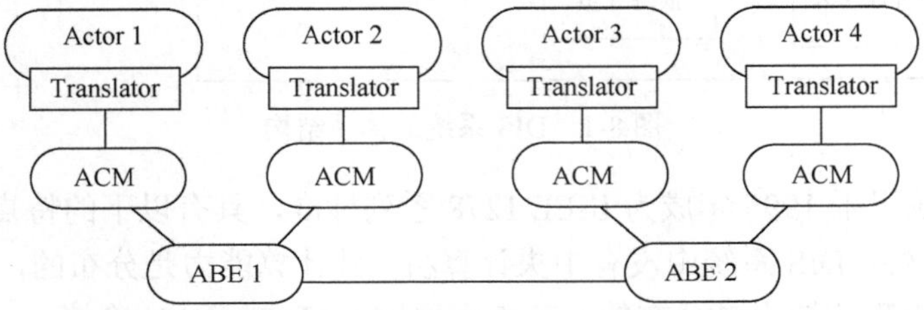

图 8-2　基于 ALSP 仿真系统的体系结构

(1) Actor：每个 Actor 都是一个作战仿真应用。大部分 Actor 在进入由 ALSP 连接的仿真系统(在 ALSP 中称为 Confederation)前已建立且可以独立运行，通常要适当修改才能进入 Confederation 中。

(2) Translator：一组包装 Actor 的计算机代码，使 Actor 能加入 ALSP 仿真系统，功能包括：①建立与 ACM 的通信；②通过 ACM 协调 Actor 与 Confederation 其余部分的仿真时间推进；③接收 Actor 信息，将内部动作和变化转换为 ALSP 表示的属性，交给 ACM；④接收来自 ACM 的信息，转发给 Actor。

(3) ACM(ALSP common module)：使加入 Confederation 的 Actor 不需要知道其他成员是什么，功能包括：①处理 Actor 加入与离开 ALSP 联合；②协调 Actor 内部时钟与 Confederation 的时钟；③过滤输入 Actor 的信息；④协调对象属性的所有权，使所有权能在 Actor 间迁移；⑤使 Actor 仅输出其对象属性的新值。

(4) ABE(ALSP broadcast emulator)：一个 ABE 是处理 ALSP 信息分发的一个进程。

(5) ACT(ALSP control terminal)：一个 ACT 是连接到 ACM 或 ABE 的进程(图中未标出)，允许操作和监督 ACM 或 ABE 的运行，控制其功能。每个 ACM 或 ABE 至多可连四个 ACT。

由上可以看出，ALSP 已经具有部分 HLA 特点，除了具有 DIS 的数据通信服务之外，还提供了协调时间推进、采用对象属性的数据交换方式等特性，甚至连仿真系统的名字 Confederation 也和 HLA 下的仿真系统 Federation 很相似。

8.2.3 高层体系结构

HLA 是 DMSO 在建模与仿真主计划(Modeling and Simulation Master Plan，MSMP)中提出的在未来国防系统建模与仿真中必须遵循的共同技术框架，其目的是解决国防领域内各类模型/仿真系统的互联互操作问题，促进仿真资源的重用。

1992 年 5 月，美国国防部提出了“国防建模与仿真倡议”，要求在全新的结构、方法和先进的技术基础上，建立一个广泛的、高性能的、一体化的和分布的国防建模与仿真综合环境，并提出了应用性、综合性、可用性、灵活性、真实性和开放性的要求。为了满足这些要求，1994 年 1 月美国国防部颁发了条令 5000.59，在其中规定了建模与仿真的政策、组织机构职责、管理过程和信息需求。根据这个条令，美国国防部于 1995 年 10 月公布了国防建模与仿真主计划，在指出了当时建模与仿真五个不足方面的同时，提出了要达到的六大目标：

(1)提供一个通用的建模与仿真技术框架；

(2)提供自然环境及时的、权威的描述方法；

(3)提供系统的权威描述方法；

(4)提供人类行为的权威描述方法；

(5)提供建模与仿真的基础设施来满足开发者和最终用户的需要；

(6)推广建模与仿真。

这六大目标的核心是通用技术框架，它由任务空间概念模型(conceptual model of mission space，CMMS)、HLA 和数据标准(data standard，DS)三部分组成。CMMS 是对真实世界权威性的第一次抽象，它对特定任务领域的实体间的活动和交互给出了层次化的描述，同时提供了知识获取的通用框架。HLA 充分吸收了 DIS 和 ALSP 的长处，用于对仿真系统进行集成。DS 用于建模、仿真和 C4I 领域共享数据的标准化，它要给出权威的数据源、建立标准的数据交换格式、提供 VVA 过程和工具并建立数据安全政策。

HLA 是通用技术框架的核心。在 HLA 的运行服务层定义了一系列接口函数，管理仿真数据的交互和时间推进；仿真系统的功能分布在各仿真成员上，在各个仿真节点上单独解算各类模型/对象的属性、方法的同时，在服务器的支持下统一进行数据交互和时间同步推进。各仿真成员在创建后都加入某一联邦，在 RTI 服务器上运行，并遵照 HLA 规则进行数据交换。HLA 仿真系统的运行体系结构如图 8-3 所示。

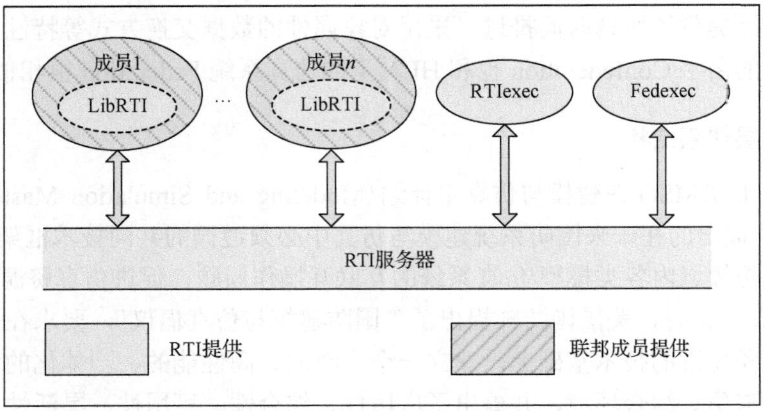

图 8-3　HLA 仿真系统的运行体系结构

美国国防部规定把 HLA 作为美国国防部所有仿真的标准技术结构，并规定从 1999 年开始不再投资非 HLA 相容的项目，从 2001 年开始淘汰所有非 HLA 相容的项目。基于 HLA 的系列仿真标准被采纳为 IEEE 1516 国际标准；我国于 2012 年颁发的《军事信息系统一体化技术体系结构》中也将该标准采纳为建议标准。

8.2.4　三种体系结构的比较

DIS、ALSP 和 HLA 三者均是采用集成方式来构建大规模的仿真系统，因而基本思路是一致的。但由于它们构建的仿真系统所要求的仿真模型或仿真对象不同，在结构、实现方式等各方面有较大的差异。

(1) 仿真对象：DIS 用于含仿真器、实物的实时系统；ALSP 用于聚合级的离散事件系统；HLA 的目的是支持所有的各类系统。

(2) 建模方法：都能支持动态建模，但 HLA 中的子模型描述协议比 DIS、ALSP 更具有柔性。

(3) 系统结构：在系统层，DIS 仅需要处理通信，而 HLA 和 ALSP 还要处理各单元时间推进协调、数据交换接口等。

(4) 通信方式：DIS 使用广播方式通信，HLA 中可以使用单播和组播。

(5) HLA 作为一项宏大仿真系统工程的一部分，具有良好的可扩充性和可重用性，特别适用于大规模作战仿真系统的开发和演练。

8.3　作战仿真平台

仿真系统的设计与开发工作通常借助特定的仿真平台进行。仿真平台通常针对特定的技术背景和仿真需求设计开发，不同的仿真平台分别具有各自的特点和优越性。在开发仿真系统时，选择合适的仿真平台是开发出满足需要的仿真系统的基础，同时还可大大提高仿真开发和运行的效率。

8.3.1　作战仿真平台的功用

作战仿真系统开发的工作量非常庞大，对于一些底层的、公共性的管理和服务性工作可提取出来，制成具有通用性的仿真支撑平台。

仿真平台通常提供以下功能。

(1) 建模功能：对于一些通用的对象，包括人员、装备、环境、行为等，提供外部接口建模、面向对象建模、基于组件建模等方法。所建成的模型有描述语言、程序代码和动态链接库等多种形式。

(2) 仿真驱动和时间管理功能：统一调度和管理仿真系统内各成员、实体和对象的仿真运行工作，控制仿真时间的推进，确保其一致性。

(3) 数据分发管理功能：对分布式仿真系统各对象、消息之间的数据发送和接收提供统一高效的数据分发管理服务。

(4) 想定编辑功能：作战想定中需要设定作战目标、战场环境、交战双方的兵力部署和作战计划等，这些可通过通用的想定编辑工具进行。

(5) 态势显示功能：二维态势显示、三维态势显示等，使仿真的过程和结果更形象、直观。

(6) 数据采集功能：将仿真中需要分析评估的数据采集出来，保存在专用文件或数据库中，供仿真回放或分析评估使用。

(7) 分析评估功能：一方面，仿真数据的分析方法很多，有统计法、解析计算法、性能参数法等，这些方法可编制成方法库，供分析评估使用；另一方面，分析结果的表现形式也很多，有报告文件、数据表、曲线图、饼图等，不同类型的评估结果可用不同的形式展现。

总之，在通用仿真平台的管理和支持下，可在确保仿真系统正确性、一致性的同时，大大节省仿真开发的工作量，提高仿真系统运行和使用的效率。

8.3.2　常用作战仿真平台

基于特定的仿真技术标准，世界各国开发了多种有影响力的仿真支撑平台，为仿真系统的开发、运行和使用提供了强有力的支持。目前，国外开发的作战仿真平台主要有美国 MAK 公司开发的 VR-Forces、Presagis 公司开发的 STAGE、Ternion 公司开发的 FLAMES，以及以色列 Hartech 公司开发的 SSG、法国 VirtualSim 公司开发的 vsTasker 等。国内相关的产品包括国防科技大学开发的 SIM2000 系列、KD-HLA 系列，中国航天科工二院仿真中心开发的 CISE，志成凌云(北京)科技有限公司开发 Eagle，以及北京华如科技股份有限公司开发的 Max Sim 等。

1. VR-Forces

VR-Forces 是一套强大而灵活的 C++仿真开发工具包，主要用来开发、生成和执行战场想定。它为战术指挥训练模拟器、威胁生成系统、行为模型测试系统和计算机兵力生成系统提供所有必需的仿真手段。

VR-Forces 的结构如图 8-4 所示。

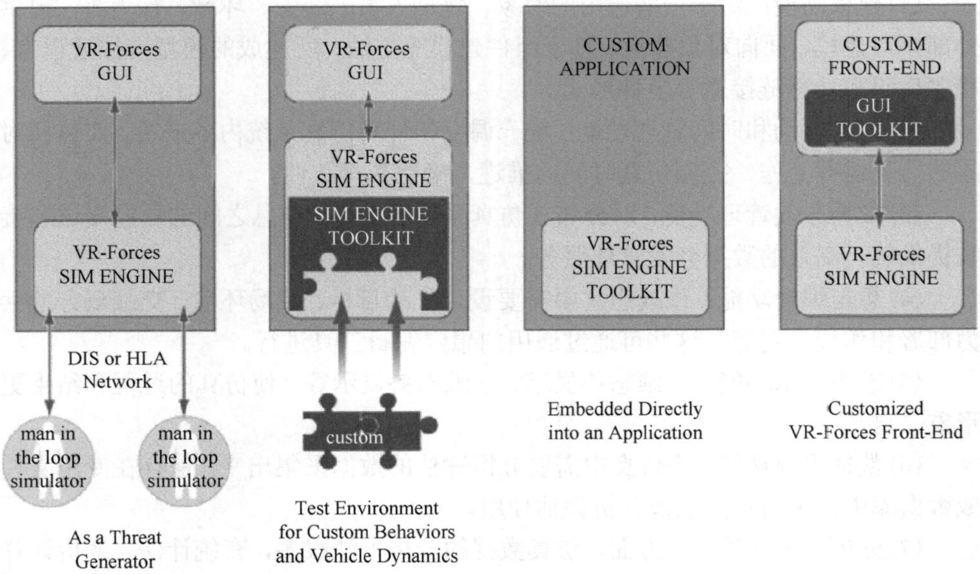

图 8-4　VR-Forces 的结构

VR-Forces 产品具有以下特点。

1) 简单的想定编辑

在 VR-Forces 应用中，配置了直观的图形用户接口，可使非编程人员通过简单的鼠标点击和键盘输入方式进行兵力布局、创建路线和航路点、任务指定和布置计划，从而生成一个想定。规划好二维战术地图的基本轮廓，然后切换到三维想定编辑模式，以准确定位实体在一个复杂城市环境中的位置。打开 XR 模式即可获得与想定相对应的一个夸张模式，以便对想定进行更好的理解，而不用担心失去三维视角。对于每个实体都有一个三维嵌入的视图模式可以从它的视角看世界。

2) 强大的仿真引擎

VR-Forces 配备了多种战场实体和武器系统的仿真模型。在想定执行期间，VR-Forces 中车辆和生命体的实体可以和地形进行交互、沿着道路行进、在护航队中行进、避开障碍物、模拟电台通信、探测、与敌军交战并计算损伤程度。通过多分辨率的建模，VR-Forces 能够根据想定事件如传感器探测或感兴趣的领域在聚合级和实体级运动模型间进行实时切换。

3)便捷的模型编辑工具

一个简单的基于用户图形界面的实体编辑器允许为 VR-Forces 编辑或扩展一组有效的仿真模型。用户可以通过用户图形界面参数编辑器或编辑基于文本的参数文件配置车辆动力学、传感器特性、损伤模型等。

4)分布式体系结构

VR-Forces 采用完全的分布式体系。因此，用户可以将任务划分到多个模拟引擎上，并在其中的一个或多个远程前端图形用户界面上对它们进行控制。多个前端能实现协作想定生成和训练。

5)灵活的地形数据格式

一个仿真系统中部件间地形数据的相关性是很具有挑战性的。这就是为什么 VR-Forces 设计成能够仿真和可视化很多不同行业标准格式的地形。VR-Forces 能直接仿真用于视觉系统仿真的地形格式，如 OpenFlight 和 MetaFlight 完美的地形。它也可以使用典型的仿真系统地形格式如 CTDB。当仿真程序需要快速地在一个新位置生成一个想定，VR-Forces 能够直接从源数据(如 DTED、ESRI® Shapefiles)读取地形，甚至能够通过网络直接读取高程数据流和位图数据流。这些源数据、高程数据和位图数据都可以由类似于 MAK 公司提供的 VR-TheWorld 地形服务器提供。

VR-Forces 支持的地形数据格式如下所示。

(1)基于 Web 服务的地形数据流：WMS、TMS；

(2)三维仿真地形：OpenFlight/MetaFlight、CTDB；

(3)高程和特征格式的源数据：DTED、ESRI® Shapefiles、dfd、VMAP；

(4)光栅地图：GeoTIFF、CADRG、bmp、png、jpeg 等。

VR-Forces 能够仿真人口密集的城市环境，包括多层建筑内部的仿真，或者跨越整个地球的想定仿真，其 3D 视景效果如图 8-5 所示。

6)强大的计算机兵力生成工具包

VR-Forces 应用程序提供了一个强健的 CGF(计算机兵力生成)环境，而且能够通过强大的开发工具包定制或者扩展相关功能。C++ API 允许定制 VR-Forces 仿真引擎和 GUI(图形用户界面)的几乎所有功能，或者整合 VR-Forces 功能到自己的应用程序中。组成架构允许用户独立添加、代替或修改仿真引擎的机动车动力学模型、行为和战略、损伤模型、传感器、对策和武器。远程控制 API 允许用户从远程应用程序中控制 VR-Forces 的仿真引擎。VR-Forces GUI API 是基于 VR-Vantage 的开发

图 8-5　VR-Forces 的 3D 视景

工具包的，允许用户完全定制 VR-Forces 用户接口——不管是增加一些菜单项，还是为工程建立一个定制的 IOS 应用程序。

2. STAGE

想定工具与环境生成(scenario toolkit and generation environment，STAGE)是一个构造想定并实现作战环境的开发工具软件，主要用于作战指挥、仿真以及模拟训练等的高度灵活开放场合。STAGE 允许在用户定义的虚拟合成环境下构建交互的战术想定。一旦想定生成，STAGE 可以实时运行它们，既可按照预先构想模式(通过脚本语言)，也可随时加入用户干预(通过实时控制 RTC)。STAGE 具有丰富的战术数据库、良好的可扩充性和强大的通信接口，使其在一系列交互仿真中起到信息中心的作用。

STAGE 开发的想定包括作战环境(如大气环境、海洋环境、电磁环境等)和作战环境中运动的或静止的实体元素，即仿真对象(包括飞机、舰船、导弹等)；以及这些实体元素通过各种战术手段(如侦察、交战、毁伤等)进行的交互作用。想定环境以图形、窗口、表格等形式为用户提供一个观察和监控不断演化的仿真过程的手段。

STAGE 由如下四个主要部分组成。

1) 数据库编辑器(DE)

DE 提供想定建立和模型参数设定的图形用户界面。DE 还允许修改实时运行参数。不论是运行阶段还是准备阶段，DE 的图形界面都是状况显示(SAD)型的，用户可以纵览全局。

2) 仿真引擎(SIM)

SIM 包括一个仿真引擎(仿真机)和一些仿真模型。SIM 通过运行人工合成想定使其栩栩如生；SIM 与 DE 通信以从中得到想定及其实体数据，同时显示不断演化的想定态势，并对仿真流程作出反馈；用户自定义的模块通过嵌入 SIM 实现功能扩展；SIM 通过使用共享内存、DIS PDU 及以太网等与外部仿真通信。

3) 实用工具(如 Logger、Genmap 等)

实用工具通常提供了录制任何一次仿真且能快速回放的功能。在 STAGE 仿真过程中，可制作标签以便回放时调用；产生 STAGE 想定中的地图文件，如建立海拔数据文件、地表面特征文件、地形文件等，这些文件可以提供特定区域的详细地图。

4) 开发工具包(DK)

STAGE 开发工具包允许用户在 DE、SIM 及战术数据库已有的能力以外，自行扩充 STAGE 的能力。开发工具包包含一个图形界面的开发接口(DI)和程序员工具包，提供一套函数库允许用户把自己的仿真模型和软件功能集成到 STAGE 中去。

3. CISE

CISE(基于组件的一体化建模与仿真支撑环境)是新一代基于组件、MDA 等技术开发而成的建模与仿真环境，是系统顶层信息接口建模工具，其功能结构如图 8-6 所示。

CISE 软件平台通过图形化建模方式，建立仿真系统的信息流模型，实现模型资源可重用和一体化建模仿真，为基于 MDA 的仿真系统设计、开发和测试提供可视化、便捷、快速和自动化的支持，以同时支撑分析评估类仿真和过程演示类仿真的客户需求。

4. vsTasker

vsTasker 是一个为用户提供实体建模、作战逻辑建模、作战场景规划的平台，可用于计算机兵力生成，虚拟战场环境规划，开发、生成和执行战场想定等方面，为战术战役指挥模拟系统、战术训练模拟器、威胁生成测试系统、行为模型测试系统、战术对抗分析系统等提供了一个易于二次开发的仿真基础框架。

vsTasker 可开发生成具有不同保真度和不同集合的兵力，根据不同的想定执行仿真任务。主要仿真目标包括空中目标、地面目标和海上目标：

(1) 空中目标包括作战飞机(如歼击机、轰炸机、强击机、侦察机、无人机等)和作战支援飞机(如空中预警机、电子干扰机、运输机)等；

(2) 地面目标包括重要的军事设施、地面防空武器、战车、雷达站等；

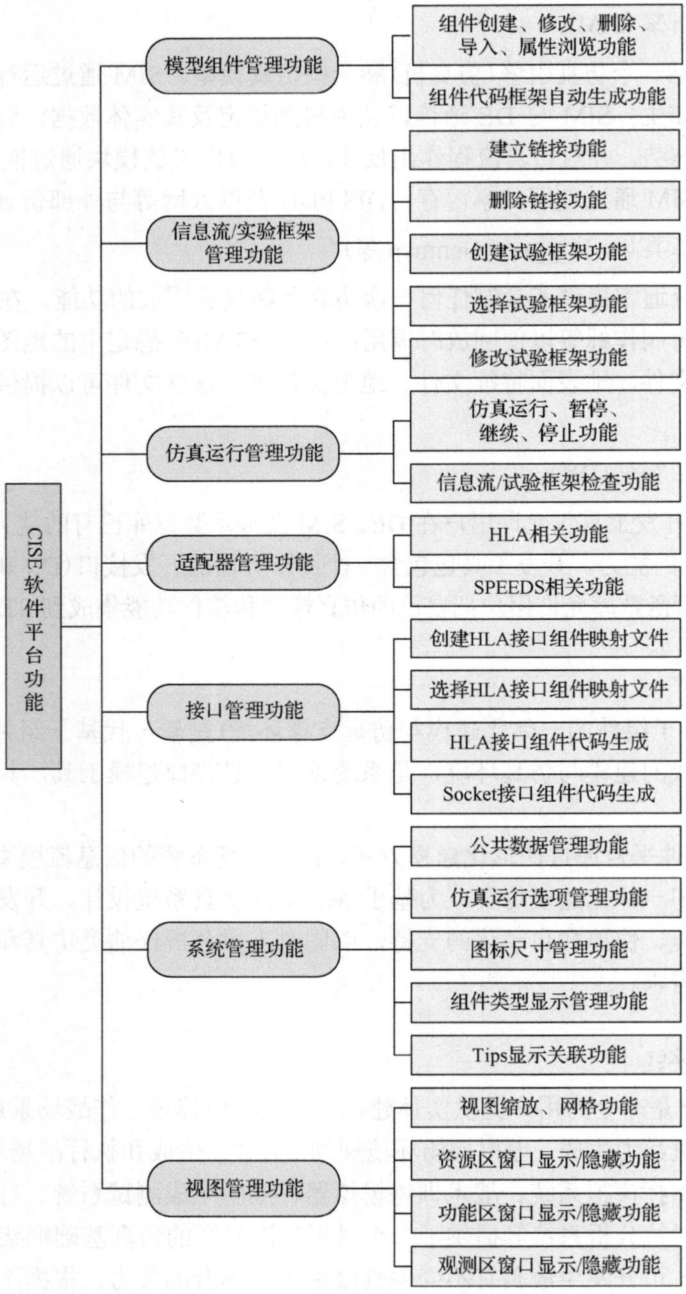

图 8-6　CISE 软件平台的功能

(3)海上目标主要包括航空母舰、护卫驱逐舰、巡洋舰、补给舰等。

应用 vsTasker 平台进行海上目标、空中目标仿真的二维/三维态势显示效果如图 8-7 所示。

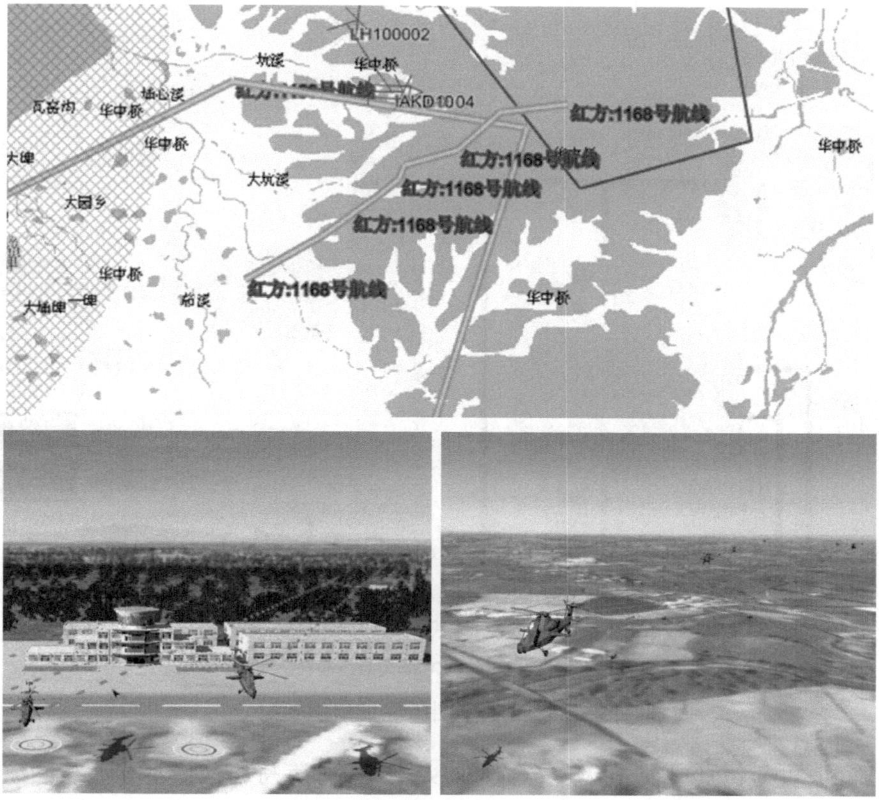

图 8-7　vsTasker 平台仿真的二维/三维态势显示

vsTasker 的突出优点是易于集成其他第三方软件及用户自定义的各种程序文件，内置多种软件接口，如 pRTI、vegaPrime、Di-Guy、STK、Open Scene Graph、Delta3D、FlightSim、HeliSim、Stage Senario、Google Earth、ModIOS 3D、RotorLib 等。

5. Eagle

Eagle 主要应用于面向装备预研、论证、效能评估的仿真，可建立高效的仿真试验环境，在短时间内完成大样本仿真分析工作，为装备的指标论证与优化提供决策依据。作为 Deesp®中数字仿真开发与运行的软件产品，采用高效的并行时间管理算法和多线程仿真引擎，充分发挥多核 CPU 的计算能力，大大提升了仿真的运行效率和规模。

Eagle 软件平台的组织架构如图 8-8 所示，主要包括想定建模、兵力建模、快速推演和运行服务 4 个核心模块，可独立完成数字仿真的想定设计与验证、实体建模与代码开发、运行监控、数据采集等全部工作，也可以作为独立的节点加入基于 HLA/DDS 标准的分布式仿真系统，充分利用分布式仿真在异构系统集成上的便利性，实现更大规模的联合仿真。

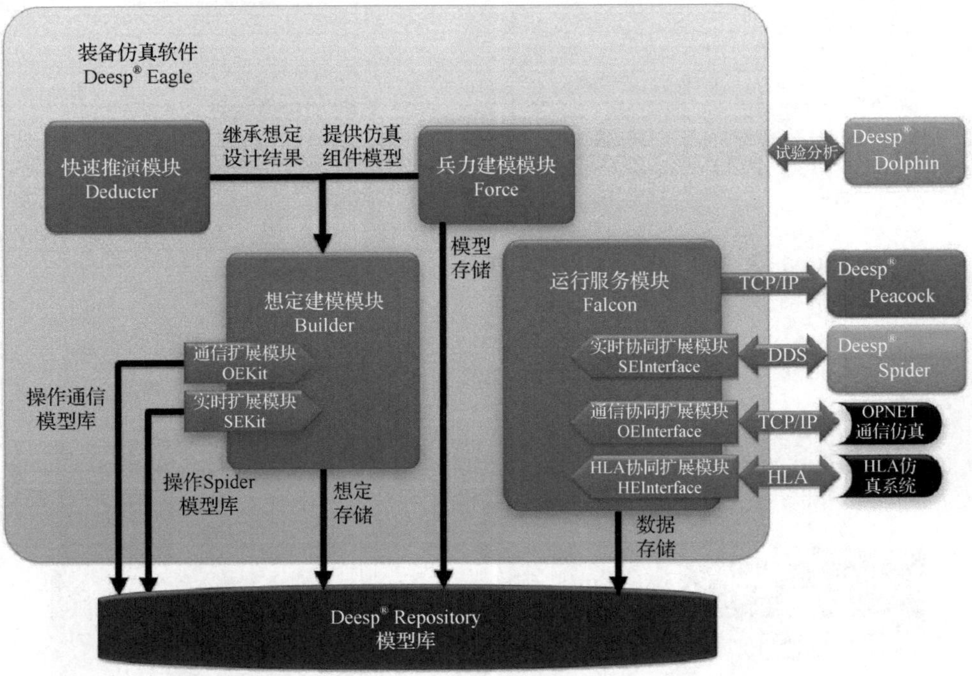

图 8-8　Eagle 软件平台的组织架构

Eagle 可与仿真可视化软件 Peacock 实现互联，支持在线演示和离线回放；也可实现与分布式实时仿真软件 Spider 的互联，组成数字、半实物混合的仿真系统；还可以与 OPNET 等第三方软件的集成，实现协同仿真。Eagle 典型的用途包括如下几项。

(1) 武器装备的作战研究。支持武器装备的作战概念开发、作战方案仿真推演、作战方案评估优化。

(2) 武器装备的论证研究。支持武器装备的体系作战效能评估、体系结构优化；支持武器平台及武器系统、预警探测、情报侦察、电子战等系统作战效能评估、系统配置优化研究。

Eagle 具有以下特点。

(1) 高效的仿真运行速度和庞大的仿真运行规模。使用高效的并行仿真引擎，仿真运行速度大大提升，能够满足上千个实体的仿真规模。

(2) 方便的图形化建模手段。采用层次结构图、框图、状态机图等多种视图描述模型构成、I/O 接口、状态转换等信息，并能自动转换为 C++代码，减少代码的开发量，降低软件开发的错误率。

(3) 多格式矢量地图，支持 S57 海图、DEM 高程数据、多分辨率卫星图像等常用数据格式。

(4) 丰富的兵力模型库资源。提供包含海陆空的 CGF 模型、雷达模型库、声呐模型库、数据链通信模型库等，能够帮助用户快速构建仿真系统。

(5) 强大的与其他仿真平台集成的能力。例如，提供了规范的 OPNET 模型集成接口，建立兵力模型与 OPNET 模型的事件关联，并能与 OPNET 协同仿真；支持与 HLA/DDS 仿真系统的集成，可通过 HLA/DDS 等标准实现规模更大的联合仿真。

6. MAXSim

MAXSim 是北京华如科技股份有限公司自主研发的新一代多用途仿真平台，具有完全的自主知识产权。该平台采用先进的 GBB 技术和 DMAS 系统架构，实现了巨大实体数量(4 万～100 万个)的实时仿真，具有精细的装备建模、基于状态机的行为建模和强大的系统运行管理功能。MAXSim 仿真平台支持模型建立、想定制作、仿真运行、数据分析等仿真的全过程，提供了装备建模、行为建模、想定制作、运行监控等工具，并且提供 SDK 以扩展系统应用。

MAXSim 仿真平台的功能结构如图 8-9 所示。

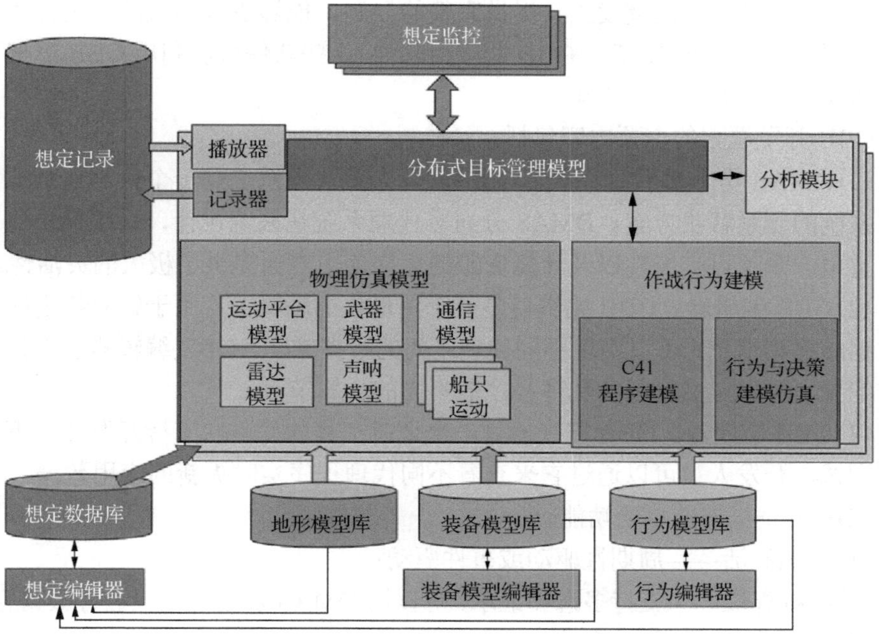

图 8-9　MAXSim 仿真平台的功能结构

MAXSim 仿真平台具有以下特点。

1) 精细化装备建模

装备建模工具提供专业、细致的向导式参数配置界面。相比其他装备模型编辑，其最大特点是模型可以做到非常精细，按照物理特征(长、宽、高等)、动态特征(速度、加速度等)、自身反射特征(RCS、TCS、VCS、ACS)以及所携带的传感器、武器、电子对抗、通信等装置来进行参数录入，许多特性都可以使用动态曲线来定义和修改，达到了非常精细的程度，可完成各种分辨率仿真系统的要求。

2) 可视化行为建模

采用状态机方式，对状态、规则和转移条件进行可视化建模，并提供了大量条件、行动、战法实例，使得用户可以很快独立编制自己的战法模型。系统提供了“规则外置”的支持，可使军事人员专注于军事行为规则的编辑，而不用过多考虑技术实现细节。

3) 专业化想定编辑

专业化想定编辑提供通信、气象、电磁等综合战场环境支持，可真实地反映现实战场，支持多机并行想定编辑制作。

4) GBB 开发构架

GBB 开发框架本身是一个完整的 SDK，可以开发不同的代理程序。该框架为不同的数据框架和应用调度工具提供完整的 API，能够进行高效的应用开发。用户可以用 C++或 C#开发基于 GBB 的应用软件，这些软件可以利用 GBB 框架下所有的 Agent、特性及基础架构。

GBB 开发框架的主要内容包括：

(1) DMAS 分布多代理系统。DMAS 分布多代理系统是一个针对复杂准实时分布系统的体系解决方案。DMAS 分布多代理系统在系统设计、系统模块化、组件可重用、系统可扩展性以及计算资源的优化使用方面提供了极大的灵活性。

(2) GBB 编辑器。GBB 编辑器是一个图形化的编辑器，用于针对特定应用定义数据结构和消息，可以实现不同代理之间的数据共享。GBB 编辑器也支持系统部署配置，可以定义执行各代理程序的不同的计算节点。

(3) GBB 监视器。GBB 监视器是一个调试工具软件，它支持开发环境下应用程序调试，开发人员可以通过它来查看不同代理程序实时更新的应用数据。

GBB 开发框架的主要功能有：

(1) 代理激活——周期性驱动或事件驱动；

(2) 数据存取——支持多态和继承，可以用 DMAS 及过滤迭代进行数据存取；

(3) 消息传递——传出和传入消息的管理。

5) 实时仿真运行监控

实时仿真运行监控可对战场各方的实体状态、属性进行查看并可实时进行指挥干预，可对同一决策点进行多分支想定运行，可很好地支持训练、演习及战法研究。

MAXSim 仿真平台提供完整的 SDK 开发包，具有良好的扩展性，用户可根据自己需求定制自己的想定编辑器、导控系统、指控系统、二维态势、三维态势和仿真分析评估等功能模块，构成各军兵种专业模拟训练仿真系统。应用 MAXSim 仿真平台开发的仿真系统功能结构如图 8-10 所示。

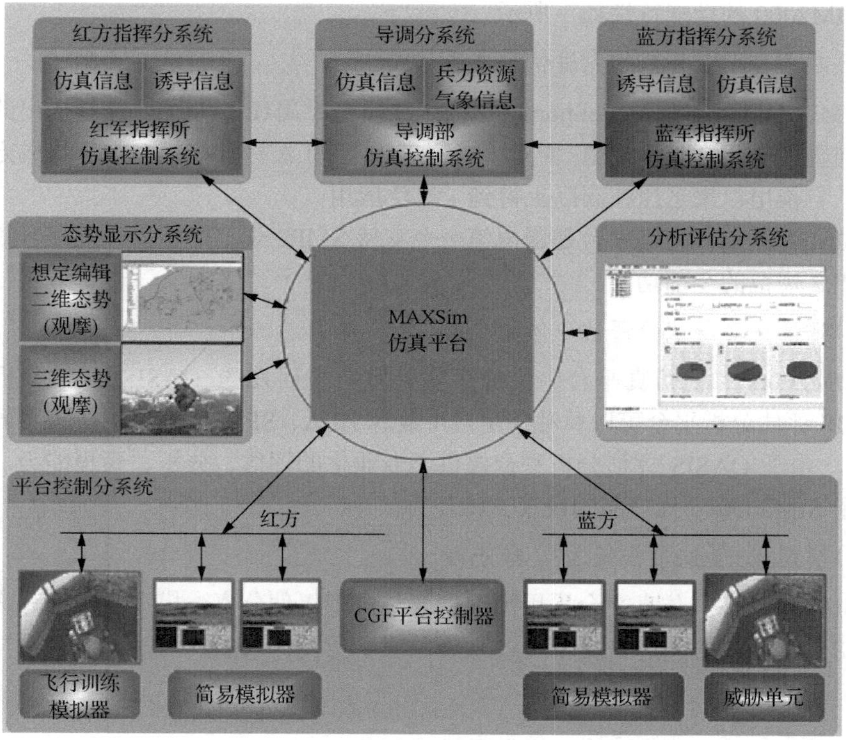

图 8-10　MAXSim 仿真平台的功能结构

目前，MAXSim 仿真平台的应用已覆盖了真实仿真、虚拟仿真和构造仿真等领域，可广泛应用于陆海空天电各军兵种战役战术仿真和武器装备论证，其良好的开放性能很好地支持各种二次开发和定制服务。

7. SIM2000

SIM2000 柔性仿真应用开发系统是在多媒体仿真、柔性仿真理论研究成果的基础上，在武器系统总体设计、武器装备效能评估、装备体系结构优化等多层次科研实践的需求牵引下，经过近 10 年的开发研制了集对象建模、想定编辑、试验设计、仿真运行、试验分析、综合评估等功能于一体的，具备完全知识产权的 SIM2000 第一代柔性仿真平台。SIM2000 自推出后在军内和国防工业部门十几家单位得到了成功的应用，同时积累了丰富的模型资源。

近年来根据实验室在组合仿真理论研究方面的最新研究成果，经过近五年的研发，正式推出 SIM2000 二代平台。SIM2000 二代平台同样包括三个系列：基于 MDA 的 SMP2 版、基于 Agent 的 SEAS 版与支持 CGF 的 OpenSAF 版，可覆盖武器系统论证设计、装备体系效能分析与作战计划推演三方面应用需求。

SIM2000 的功能特性如下所示。

1) 基于 SMP2 规范的先进仿真体系结构

SMP2 (simulation model portability) 是欧洲航天局 (ESA) 于 2004 年提出的新一代面向重用的仿真模型规范，由于该规范克服了 HLA 标准在模型组件集成方面的缺点，自推出以来迅速在国际上得到了广泛应用。

SIM2000 二代仿真平台是国内第一个支持 SMP2 规范的仿真开发平台，实现了 SMP2 规范的全部功能。

2) 建模仿真与试验评估一体化

SIM2000 二代仿真平台中集成了实验室自主研发的 OASIS 评估分析平台 (OASIS 评估分析平台可以单独使用，可兼容 HLA、SPEEDS、SMP2 等不同仿真体制)，由于 OASIS 评估分析平台提供了专业化的评估、分析、预报能力，全面提升了 SIM2000 二代产品的决策支持能力。

3) 模型/数据/试验框架/仿真器分离

SIM2000 二代仿真平台采用模型框架与模型组件分离、模型与数据分离、模型与仿真器分离的先进仿真架构，充分保证了仿真体系的灵活性、适应性与可扩展性。

4) 集中运行、并行试验、分布表现

SIM2000 二代仿真平台目前支持 SMP2 模型的集中运行，对于大规模试验需求，可以通过并行试验的方法充分利用多计算节点利用资源，即将不同的试验方案自动分发到网内的多个计算机上并行试验，计算完后将仿真结果数据统一汇总到总控节点上进行整体分析。SIM2000 二代仿真平台可以方便地和 HLA 系统进行互操作。

8. KD-HLA

KD-HLA 仿真支撑平台由国防科技大学研制开发，它所提供的系列工具软件是国内功能最齐全、应用最广泛的 HLA 仿真技术支撑平台之一。KD-HLA 仿真支撑平台的主要产品及分类见表 8-1。

表 8-1　KD-HLA 仿真支撑平台的工具软件

编号	类别	软件简写	软件名称
1	基本工具	KD-RTI	运行支撑系统
2		KD-OMDT	对象模型开发工具
3		KD-FedWizard	成员框架自动生成工具
4	辅助设计与开发工具	KD-ModelEditor	用户模型编辑工具
5		KD-CGT	BOM 组件框架生成工具
6		KD-SmartSim	组件式联邦成员开发运行环境
7		KD-ComTest	BOM 组件测试工具
8		KD-XSRFrame	组件式成员运行框架
9		KD-FedAssembler	联邦成员装配工具
10		KD-FCT	成员一致性测试工具
11		KD-SGT	想定编辑器
12	运行规划与监控管理工具	KD-SIT	态势显示工具
13		KD-FedLayout	仿真试验规划工具
14		KD-MCC	仿真试验管理控制工具
15		KD-FMT	联邦运行管理工具
16		KD-FOT	联邦观测工具
17	分析评估工具	KD-DCT	数据采集工具
18		KD-OS&PET	在线统计与事后评估工具
19		KD-MSRR	仿真资源库管理系统
20	其他工具	KD-SP	异构系统仿真代理
21		KD-FBT	多联邦桥接工具

1) 基本工具

(1) KD-RTI(运行支撑系统)。KD-RTI 是按照 HLA 标准规范自主开发的支持 HLA 分布仿真的 RTI 支撑框架软件，是 KD-HLA 环境中最核心的部分。

该软件采用集中-分布式的体系结构，将大部分管理信息分布在成员的 RTI 本地部件 LRC 中，LRC 采用异步 I/O 的多线程方式来处理成员与 RTI 之间的通信请求，通过使用 LRC 调用实现数据传输和查询功能可节省大量的运行时间，突破了系统瓶颈。同时在 RTI 中心服务器中保存了联邦信息的完整备份，用于向后加入成员提供所需的信息，各联邦成员的时间推进也由 RTI 中心服务器总体协调，从而维护系统运行的一致性。KD-RTI 服务器启动后的界面如图 8-11 所示。

图 8-11　KD-RTI 服务器界面

(2) KD-OMDT (对象模型开发工具)。KD-OMDT 用于开发支持 HLA 标准的成员/对象/交互的外部接口模型，包括模型鉴别表、对象结构表、属性表、交互类表、参数表、枚举数据类型表、复合数据类型表、路由空间表和模型词典表。用户在表格中填充模型信息，自动生成符合 HLA 标准的*.fed 和*.omt 文件。

(3) KD-FedWizard (成员框架自动生成工具)。采用嵌入 Visual C++软件向导，逐步引导用户设置开发成员所需的必要信息，开发所需的成员和界面。根据用户提供的 FOM (联邦对象模型) 和 FED (联邦执行数据) 文件信息定制联邦成员的公布和订购信息，自动生成符合 HLA 规则的联邦成员框架代码，封装了大部分必要的 RTI API 函数，方便了用户的联邦成员设计和开发，提高了联邦成员开发的代码质量。

2) 辅助设计与开发工具

(1) KD-ModelEditor (用户模型编辑工具)。KD-ModelEditor 主要用于组件式联邦成员的组件建模，通过描述用户领域模型输入和输出相关信息，借助一定的规则实现与仿真平台的映射 (即实现用户模型接口文件 IPO 与 FOM 文件相关信息的映射)，隔离用户领域模型与仿真领域的耦合性，提高用户领域的重用性，并能够支持从 IPO 文件自动生成仿真实体模型框架工程代码 (基于 VC6) 和导出 OMT 文件。

(2) KD-CGT (BOM 组件框架生成工具)。根据 KD-ModelEditor 生成的模型 IPOMAP 文件生成原子模型组件框架代码，该代码通过封装完成用户领域模型提供的输入和输出函数代码的嵌入，自动完成用户领域模型与仿真运行支撑平台数据的交互功能，最终生成原子组件资源包。

(3) KD-SmartSim (组件式联邦成员开发运行环境)。基于 SISO (仿真互操作标准组织) 提出面向组件化设计仿真系统的最新规范——BOM (基本对象模型) 理论基础上，KD-SmartSim 提供了一套具有支持面向组件的建模能力、组件式联邦成员的设计和开发环境，通过模块化的 BOM 组件的组合实现联邦成员的快速构建，能够灵活扩展、伸缩和定制联邦成员的功能，利用 MDA(模型驱动体系结构)的设计理念，提供了一系列变换模板和映射规则，降低了用户领域模型与特定的仿真平台的耦合度，与传统的联邦成员开发模式相比，从组件层次提升了 HLA 的重用性和互操作性。

(4) KD-ComTest(BOM 组件测试工具)。根据被测组件资源信息，提供被测组件所需的初始化数据编辑和修改功能，能够生成被测组件所需外部提供的测试数据，并自动生成被测成员进行组件测试，观测被测组件运行所输出的仿真过程数据，同时保存测试数据便于下次重用。

(5) KD-XSRFrame(组件式成员运行框架)。KD-XSRFrame 是一个独立可运行的联邦成员应用程序通用框架，通过加载包含不同的模型组件的联邦成员资源包，构建不同功能的联邦成员，它是一个在 RTI 之上的运行支撑平台，完成模型组件之间数据的交互，协调管理联邦成员内各个模型组件的运行。

(6) KD-FedAssembler(联邦成员装配工具)。KD-FedAssembler是组件式成员装配，通过组件组合完成联邦成员的生成。仿真成员不再是一个独立不可更改的模块，而是由多个可重用的模型组件组合快速构建的，通过一个通用的仿真运行框架加载这些组件，运行在特定的仿真运行支撑平台上参与仿真系统的仿真，使得仿真成员规模可伸缩、功能可扩展。

(7) KD-FCT(成员一致性测试工具)。KD-FCT 可根据 FOM 表生成反向成员，构建一个测试环境，对被测成员进行 HLA 接口的测试。

(8) KD-SGT(想定编辑器)。KD-SGT 需要根据用户需求定制，主要为军事想定提供一个图形化的输入界面，进行想定输入。

3) 运行规划与监控管理工具

(1) KD-SIT(态势显示工具)。根据 HLA 提供的 FOM 表定制获取展现的数据，通过二维、三维展现方式显示仿真系统中的各种仿真实体和仿真交互数据，其具有的能力包括：通过 OMT 文件和试验方案文件定制数据收集对象；建立数据收集对象和态势军标之间的映射关系并形成实体军标映射文件；设置数据显示方式；通过实体军标映射文件，通过数据收集组件收集仿真数据；加载态势图，在仿真中进行实时态势显示和数据显示。

(2) KD-FedLayout(仿真试验规划工具)。通过向导方式，根据仿真所使用的仿真脚本，从资源库中选择合适的仿真成员组成联邦，并分配各成员所仿真的实体。确定仿真要使用的计算节点，并将成员分配到各节点上，也可以对联邦运行的其他方面进行规划，如数据采集规划等。根据这些规划信息生成试验方案，用户可以继续进行方案调整，直到满足需求。

(3) KD-MCC(仿真试验管理控制工具)。根据 KD-FedLayout 规划产生的试验方案文件运行仿真试验，包括从资源库提取试验资源，按照方案的描述将资源分发部署到指定的节点上，在每次运行前对节点上的资源进行检测，按照方案的描述调度各节点上的仿真程序运行，并对运行过程进行监视。

(4) KD-FMT(联邦运行管理工具)。KD-FMT 用于协助仿真试验管理人员管理控制联邦及成员的运行，监控仿真试验全局情况。管理人员可以通过 FMT 对联邦、成员和 RTI 的部分参数进行设置。在联邦运行出现异常的情况下，FMT 可以按当前的设置自动控制联邦运行。FMT 还可作为调试工具。

(5) KD-FOT(联邦观测工具)。用户通过 KD-FOT 加载联邦对象模型，设置在仿真推演过程中所感兴趣的仿真实体数据，生成所需的配置文件。KD-FOT 不采用生成代码动态编译的方式，作为通用的工具成员加入特定的联邦，根据配置文件从 RTI 获取所定制的观测数据并进行解析，把解析后的数据通过界面展示给用户，使用户可以在仿真过程中实时观测到感兴趣的对象类和交互类信息。

4) 分析评估工具

(1) KD-DCT(数据采集工具)。采用了通用仿真数据收集(general simulation data collect，GSDC)方法来确定并采集仿真数据信息；这种方法根据 FOM(联邦对象模型)生成配置文件，根据配置文件确定数据采集的范围。在仿真过程中，可以监视采集信息的属性，仿真结束后提供数据回放功能；一般可用于驱动二维、三维显示等系统的仿真事后运行。

(2) KD-OS&PET(在线统计与事后评估工具)。基于 Oracle 数据库开发，主要提供实时统计、回退及回放三部分的控制功能。其中实时统计在仿真过程中对各种指标进行统计解算；回退根据用户的需求回退到相应的时间保存点并继续进行统计；仿真结束后能对整个仿真过程进行回放，同时能对回放的起点及回放的步长进行调整，并提供与二维、三维态势显示的联动回放。

(3) KD-MSRR(仿真资源库管理系统)。统一管理仿真平台中的各类资源，为仿真系统的设计、开发、运行和事后处理的全过程提供支持，实现对各类仿真资源的访问、SQL 查询、编辑、维护和管理，为仿真各应用系统提供一体化的资源管理与服务，满足仿真系统中各类资源描述、提交、管理、服务和维护的需求。同时，还提供资源库 API 使仿真开发和运行的支撑工具实现非 Web 方式访问、下载、上传仿真资源能力。

5) 其他工具

(1) KD-SP(异构系统仿真代理)。KD-SP 适用于武器装备试验、仿真、训练领域，主要用于整合已有的异构系统资源，使得异构系统之间能够互联、互通、互操作，封装和重用仿真试验资源。软件通过仿真代理将各异构系统资源进行封装，加入一个仿真联邦之中。各仿真代理之间利用 KD-RTI 进行弱实时的数据通信，同时利用仿真代理的 RTX 进程与各异构系统进行强实时通信。

(2) KD-FBT（多联邦桥接工具）。通过桥接成员（bridge federate）实现多联邦互联；该桥接成员可以支持具有不同 FOM 的对等联邦之间的互操作，进行多联邦间对象属性和交互的信息交换；可以支持使用不同版本 RTI 的联邦执行之间的互联，最大限度地重用已开发的仿真系统。

8.3.3 作战仿真平台的选型依据

仿真平台选型非常关键，直接关系到仿真系统的成败和开发使用效率。当前可供选择的作战仿真平台很多；项目研制单位要根据建设目标和后续使用情况，确立仿真系统开发运行的体系结构，在此基础上选择既经济又能满足需要的仿真支撑平台。

选择作战仿真平台时，应考虑对作战仿真系统设计、开发、运行、使用和管理全过程、全系统的支持，以及对于各类训练仿真应用的高度专业化支持。从技术角度，主要考虑以下几个方面。

1. 建模方面

(1) 建模方法方面：应采用面向对象建模方法、组件化建模方法、参数化建模方法，提高建模效率，支持模型重用，支持实体的灵活组装，支持装备与实体的参数化设置。

(2) 模型体系方面：应内置一套模型体系以及支持该体系实施的基础模型和算法库，便于模型的开发，同时该体系必须符合陆军航空兵模拟训练需求，并支持体系的灵活扩展。该体系至少包括运动、探测、通信、电子对抗、行为、毁伤及环境的模拟。

(3) 建模工具方面：必须提供一套支持模型开发、调试、发布、集成的工具，并且该套工具应具有较好的一致性、成熟度、易用性，符合国内及军队常用习惯。

2. 仿真运行方面

(1) 支持分析仿真：在进行大样本统计仿真时，采用人不在回路的仿真方法，要求尽可能利用硬件计算资源，提供尽可能高的仿真运行速度。

(2) 支持人在回路的仿真：在进行指挥训练仿真时，采用实时或比例实时的仿真运行模式，同时允许网络上的多个计算机节点能够连接到仿真引擎上并与之交互，实现指挥控制、导调干预、实时统计、实时态势显示等应用。

(3) 支持分布式仿真：能够支持模拟器与 CGF 系统或多个 CGF 系统（本地、异地）的基于网络互联的仿真，提供数据交换、公布订阅、时间管理、事件管理等功能。

3. 训练系统定制方面

作战仿真平台能够提供、集成或支持以下训练系统功能或软件模块。

(1) 训练想定制作：支持导演部开发训练基本想定，支持红蓝方进行想定制定，支持想定的分割与合并，支持想定的预览，支持地理信息系统(geographic information system，GIS)和标绘。

(2) 作战筹划和战术计算：支持想定作业阶段和实施对抗训练阶段的筹划和计算。

(3) 席位管理：分配和管理训练席位，支持人员、角色、席位的权限管理，提供登录及控制功能。

(4) 训练任务管理：提供训练任务的建立、设置、查看、执行、数据管理等功能。

(5) 训练过程管理：提供训练系统的部署，训练过程的控制，支持多个训练任务的管理。

(6) 系统监控：对训练相关的软硬件运行状态进行监视，对相关设备进行控制，识别、报告、处理软硬件故障。

(7) 训练态势显示：提供作战过程和战场环境的二维态势、三维场景展示功能，并区别红蓝白各方以及各角色的基于态势感知能力的显示。

(8) 训练数据记录与回放：能够记录训练过程的实时交互数据，并可驱动回放及事后分析。

(9) 训练导调与评估：支持基于 GIS 的训练导调，包括建制内外的指挥导调、干预导调，支持训练过程的实时统计分析及事后讲评分析。

4. 模拟器集成方面

支持各型直升机模拟器的接入与集成：通过网络 TCP/IP、UPD/IP 或其他通信手段与协议，与已有各型模拟器连接，支持数据包的解析、识别、处理。支持模拟器与 CGF 实体的互联。

5. 分析应用方面

(1) 试验设计：支持基于基础仿真想定的试验设计，根据试验点及其指标的不同，采用多种试验设计方法获得系列试验方案。

(2) 试验管理：支持基于多机的多个试验方案的大样本并行运行，提供试验运行系统的部署、试验过程管理、试验数据管理等功能。

(3) 试验分析：提供大样本数据的统计分析，支持不同试验方案的对比分析，分析指标可扩展，分析结果可图形化、格式化显示和输出。

此外，在仿真平台选型时，还需考虑仿真平台的开发运行效率、技术支持能力、可扩展性和使用维护费用等因素。

第 9 章　武装直升机作战效能评估仿真系统的设计与实现

效能评估仿真系统是评估武器装备作战效能的有效手段和具体实现方式；根据选用的仿真技术标准不同，效能评估仿真系统有不同的开发过程和表现形式。

本章基于 HLA 仿真技术标准和 KD-HLA 仿真支撑平台，介绍武装直升机作战效能评估联邦及其成员的设计、开发与实现，说明仿真系统的运行过程，并分析其应用，为进一步开发完善武装直升机作战效能评估仿真系统和在军事领域进行推广应用提供基础范例。

9.1　HLA 仿真技术

9.1.1　HLA 仿真技术标准

HLA 作为新一代分布式仿真技术体系结构，定义了一个通用的高层仿真框架，以实现各类模型和仿真之间的互联互操作。HLA 技术标准的内容分为 3 个部分：HLA 规则(HLA rules)、对象模型模板(object model template，OMT)规范和 RTI 接口规范(run time infrastructure interface specification，RTI IFSpec)。

1. HLA 规则

HLA 规则描述仿真中的联邦与成员应具有的职责，以保证在联邦执行阶段各成员之间能够正确地交互；HLA 规则包括 5 条联邦规则(规则 1～规则 5)和 5 条成员规则(规则 6～规则 10)。

规则 1：联邦应该有一个 FOM，该 FOM 应与 HLA 的 OMT 相符。

规则 2：FOM 中的所有对象应属于各个联邦成员，而不在 RTI 中。

规则 3：执行联邦时，各联邦成员之间所有 FOM 规定的数据交换都必须通过 RTI 进行。

规则 4：执行联邦时，联邦成员应按 HLA 接口规范与 RTI 交互。

规则 5：在联邦执行中的任何给定时间，一个对象属性只能为一个成员所拥有。

规则 6：联邦成员应该有一个符合 OMT 规范的仿真对象模型(SOM)。

规则 7：联邦成员应能更新和使用其 SOM 中记录的对象属性，能接收与发送 SOM 中记录的交互。

规则 8：联邦成员应按 SOM 中的规定，在联邦执行期间动态地转移和接收属性的所有权。

规则 9：联邦成员应能按其 SOM 中的规定，改变更新对象属性的条件。

规则 10：联邦成员应能管理其局部逻辑时间，从而保证它能协调地与联邦中的其他联邦成员交换数据。

2. OMT 规范

OMT 规范按照 HLA 标准定义的一个标准化对象模型信息描述框架，给出了记录 HLA 对象模型的格式和语法，提供了一个公共的可理解的机制来描述成员间的数据交换，并以通用标准化的方法来规定联邦成员的能力。在 HLA 中定义了三类对象模型，分别是 FOM、SOM 和管理对象模型(management object model，MOM)。根据 IEEE1516.2-2000 标准，OMT 由以下 14 个表组成。

(1) 对象模型鉴别表：记录鉴别 HLA 对象模型的重要信息。

(2) 对象类结构表：记录联邦/成员中的对象类，并描述它们的基类——子类关系。

(3) 交互类结构表：记录联邦/成员中的交互类，并描述它们的基类——子类关系。

(4) 属性表：说明联邦或成员中对象属性的特性。

(5) 参数表：说明联邦或成员中交互参数的特性。

(6) 维表：说明实例属性或交互过滤所用的维。

(7) 时间表示表：说明时间值的表示方法。

(8) 用户提供标识表：说明用于 HLA 服务的标志表示。

(9) 同步点表：说明用在同步点服务的同步点表示和数据类型。

(10) 传输类型表：描述使用的传输机制。

(11) 开关表：说明 RTI 使用参数的初始化设置。

(12) 数据类型表：说明在对象模型中使用的自定义数据的详细内容。

(13) 注记表：任何 OMT 表项的扩展解释。

(14) FOM/SOM 词典：用来定义各表中使用的所有术语。

其中最重要的表有 5 个，对应 HLA 对象模型重点要表达的对象类、属性、交互类、参数，以及所用到的自定义数据类型。OMT 通过对象类和交互类来描述仿真中具有持续状态的实体(对象)和瞬态的事件(交互)，并且借用了面向对象技术中的继承方法，提供了重用能力，因此对象模型是实现仿真重用的基础。

3. RTI 接口规范

RTI 接口规范提供了 HLA 接口规范定义的一系列服务，是接口规范的具体实现和 HLA 仿真技术的核心。根据 IEEE 1516.1-2000 标准，RTI 接口规范提供的接口函数按服务类别可分为基本服务和支持服务两大类，具体服务内容见表 9-1。

表 9-1　RTI 接口服务

	名称	服务数	功能
六大基本服务	联邦管理	20	提供创建、撤销、加入、退出、恢复等控制联邦/成员运行和保存联邦/成员状态等功能
	声明管理	12	用于声明对象的可公布/可订购属性和交互的可发送/可接收关系，为 RTI 接收/分发数据提供依据
	对象管理	17	为对象提供方的实体提供注册、更新，为对象使用方提供发现和反射；同时包括收发交互信息的方法、基于用户要求控制实例更新和提供其他方面的支持功能
	所有权管理	16	提供属性所有权和对象所有权的转换和接受服务
	时间管理	23	提供 HLA 时间管理策略和时间推进机制
	数据分发管理	13	通过对路径空间和区域的管理，提供数据分发服务，使成员能有效地接收和发送数据
其他	其他支持服务	29	对六大基本服务提供支持，完成联邦执行过程中关于名称及其对应句柄之间的转换，并设置一些开关量

对每一类服务，根据其服务的用户和提供者分为服务调用和回调，服务调用是指由成员调用的 RTI 提供的服务，而回调是指由 RTI 调用成员实现的服务，通过调用和回调实现了成员和 RTI 之间的双向通信。每个服务的定义包括服务的名称、输入输出参数、调用的前提条件和可能发生的异常。在具体实现 RTI 时，可以用包括 C++、Java、ADA、IDL 在内的四种描述方法来提供给用户。

由此可见，HLA 是一个开放的、支持面向对象的体系结构。它最显著的特点就是通过提供通用的、相对独立的支撑服务程序，将应用层同底层支撑环境分离，即将具体的仿真功能实现、仿真运行管理和底层通信三者分开，隐蔽各自的实现细节，从而可以使各部分相对独立地进行开发，最大限度地利用各自领域的最新技术来实现标准的功能和服务。同时，HLA 可实现应用系统的即插即用，易于新的仿真系统的集成和管理，并能根据不同的用户需求和不同的应用目的，实现联邦的快速组合和重新配置，保证了联邦范围内的互操作和重用。

HLA 采用组播式通信方式，各联邦成员有能力确定：它们将产生什么信息、希望接收什么信息，以及数据传输服务的类型(可靠的或快速的)等。因此，在 HLA 仿真联邦中，网络数据的流量将大大减少，可以在一个网络上仿真更多的实体。

HLA 并没有规定对象(对象是指被仿真的实际物体)的构成规则，也没有规定对象间交互的规则，它考虑的重点在于如何实现成员间的互操作，即如何将已有的联邦成员集成为联邦。

需要说明的是，在基于 HLA 的仿真系统中，除非所有的联邦成员对于一个单一的 FOM 来说是一致的，否则，即使联邦成员符合 HLA 规范，它们也不能互操作。因此，在设计和开发联邦时，制定一个统一的 FOM 起着至关重要的作用。

9.1.2 HLA 仿真系统的联邦开发与运行过程

HLA 技术中将实现特定目的的仿真系统称为联邦，将联邦中执行某些特定任务的仿真节点称为联邦成员，简称成员。HLA 仿真系统开发的关键就是如何设计和开发联邦。DMSO 发起了开发联邦开发与执行过程(federation development and execution process, FEDEP)模型的活动，其结果就是 FEDEP 模型。FEDEP 模型包含一些重要的假设，只提供具体的步骤，而不限定具体的实现方法。1997～1999 年，DMSO 开发了五个 FEDEP 版本，2003 年经过修订后的 FEDEP 被 IEEE 接受为 IEEE 1516.3 标准；表 9-2 给出了 IEEE 1516.3 的 FEDEP 七步骤过程。

表 9-2　FEDEP 模型的七步骤过程(IEEE 1516.3)

编号	项目名称	实施内容
1	定义联邦目标	1.1 鉴别联邦发起人需要 1.2 开发联邦目标
2	进行概念性分析	2.1 开发剧情 2.2 开发联邦概念模型 2.3 开发联邦需求
3	设计联邦	3.1 选择联邦成员 3.2 准备联邦设计 3.3 制订计划
4	开发联邦	4.1 开发 FOM 4.2 建立联邦协定 4.3 实现成员设计 4.4 实现联邦结构

续表

编号	项目名称	实施内容
5	计划、集成和测试联邦	5.1 制定运行计划 5.2 集成联邦 5.3 测试联邦
6	运行联邦、准备输出	6.1 运行联邦 6.2 获取联邦输出数据
7	分析数据、评估结果	7.1 分析数据 7.2 评估和反馈结果

9.1.3　HLA 仿真系统的成员开发过程

联邦成员(又称为成员或仿真成员)是仿真模型实现与运行展开的载体，是作战仿真系统开发的核心内容。成员之间以对象和交互的形式交换信息，这些信息的发送和接收都通过调用 RTI 接口函数进行。

HLA 仿真系统成员的开发过程如图 9-1 所示。

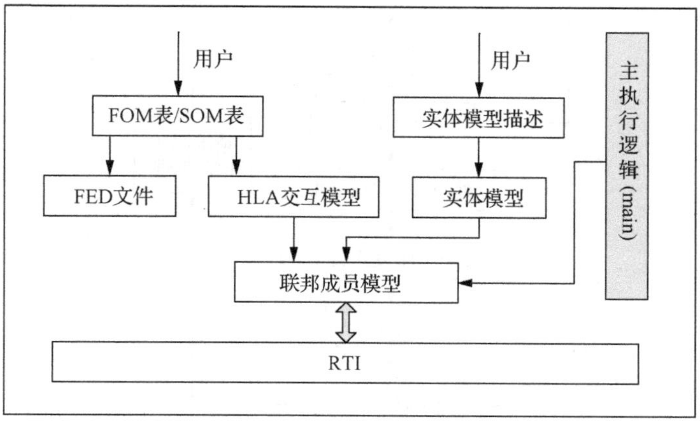

图 9-1　HLA 仿真系统成员的开发过程

用户在开发联邦成员的过程中，一方面要建立仿真实体的模型，设计仿真流程，以实现联邦成员的内部功能；另一方面要为联邦成员设计 SOM，并确定联邦成员执行数据(federate execute data，FED)文件。开发者要分析联邦成员间的数据交互关系(即公布/订购关系)，建立联邦的 FOM，并另存为.fed 文件作为 FED 文件；然后根据联邦成员承担的职责，通过选取公布/订购和发布/反射关系，生成联邦成员的 SOM。RTI 使用 FED 文件进行联邦初始化，为联邦成员的交互运行设定数据结构环境；联邦成员通过调用 RTI 接口函数，将 RTI 交互模型与实体模型相结合，实现 SOM 中定义的功能。HLA 仿真系统的主执行逻辑如图 9-2 所示，图中虚线框部分表示 RTI 回调时需处理的内容。

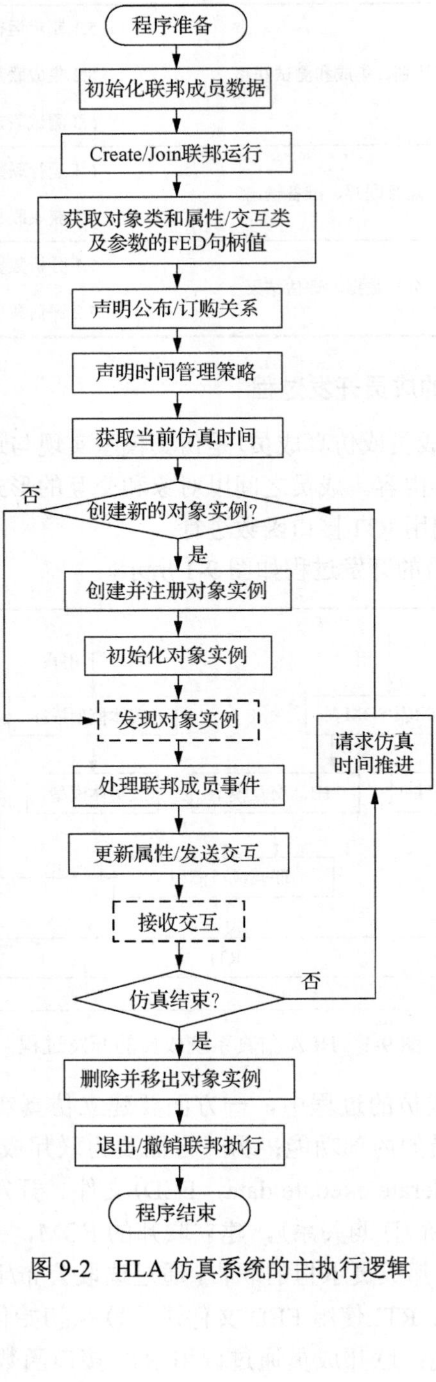

图 9-2　HLA 仿真系统的主执行逻辑

9.2　基于 HLA 的作战效能评估仿真系统设计与开发

9.2.1　作战效能评估仿真的联邦组成

利用武装直升机攻击地面目标时，需要考虑攻击目标性质、敌方防空力量部署、作战区域地形特点、气象环境以及任务直升机与目标的距离等多方面的因素，派遣单架直升机或直升机编队，挂载合适的侦察观瞄设备和武器系统，按照一定的战术技术规则展开行动。行动结束后收集作战数据、统计分析战损情况。整个作战过程可以分为以下 4 个阶段。

(1) 作战准备阶段。根据作战任务和战场环境，派遣特定型号的直升机及武器系统，挂载足够的燃料，预定一系列战术规则，等待下达作战指令。

(2) 向目标区机动阶段。根据作战指令起飞，向目标区飞行，飞行过程中开启通信、侦察和观瞄装置，进行必要的战术规避，直到抵达攻击区域。

(3) 火力打击阶段。采用特定的武器和攻击方式发射弹药、攻击目标。

(4) 返航和分析评估阶段。执行完任务的直升机根据规定的路径返航，结束战斗任务；收集统计作战过程数据，分析评估作战效能。

整个效能评估仿真系统作为一个联邦，主要由红方成员、蓝方成员、运行监控方成员以及战场环境成员 4 个部分组成，如图 9-3 所示。

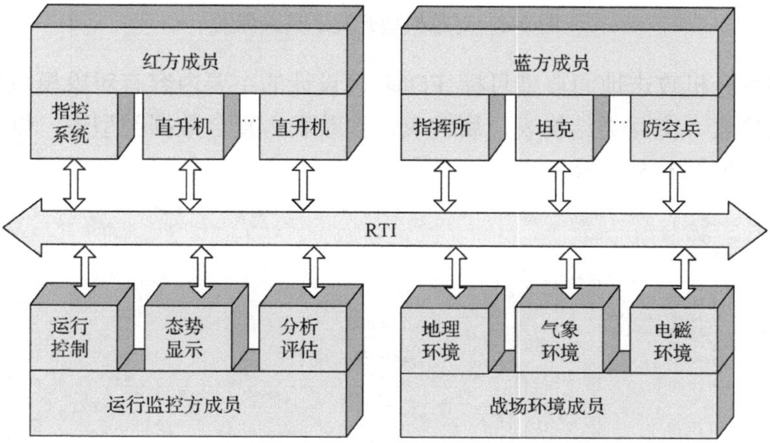

图 9-3　武装直升机效能评估仿真系统的联邦组成

红方成员部分包括进攻方的指控系统、武装直升机及其编队，仿真成员一般以大队为单位，单架直升机和导弹以实体出现；蓝方成员包括坦克、地面指挥所、雷达站及防空力量，成员一般以营为单位；运行监控方成员主要负责整个联邦的运行控制、作战态势显示和仿真数据记录分析等；环境方成员实现的是系统中的地理信息系统、气象环境以及电磁环境等。

9.2.2　作战效能评估仿真系统的 FOM 表设计

设计武装直升机攻击地面典型目标仿真的 FOM，对仿真成员的模型和接口提供统一的标准。采用 KD-OMDT 软件进行设计，其主界面(图 9-4)包括菜单栏、工具栏、工作空间窗口、主信息窗口和模型检测窗口等。

图 9-4　对象模型开发工具主界面

武装直升机攻击地面典型目标 FOM 表设计的主要内容有对象模型鉴别表、对象类结构表、交互类结构表、属性表、参数表、复合数据类型表，以及各类数据词典等，如图 9-5 所示。

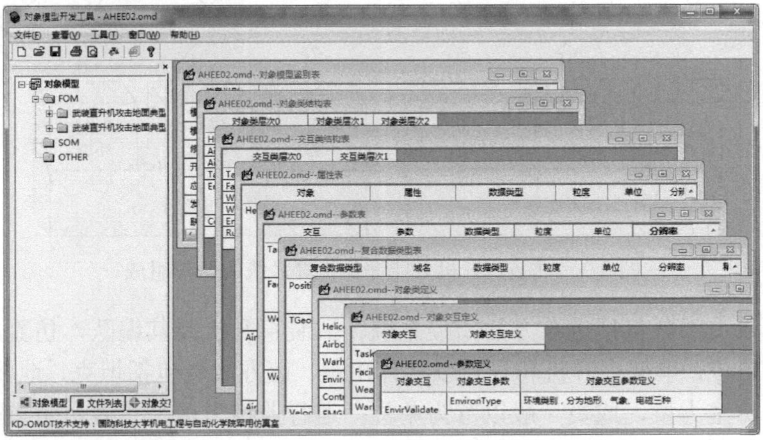

图 9-5　武装直升机攻击地面典型目标 FOM 表的组成

对象模型鉴别表、对象类结构表、交互类结构表、属性表、参数表、复合数据类型表，以及交互类词典的具体内容见图 9-6～图 9-12。

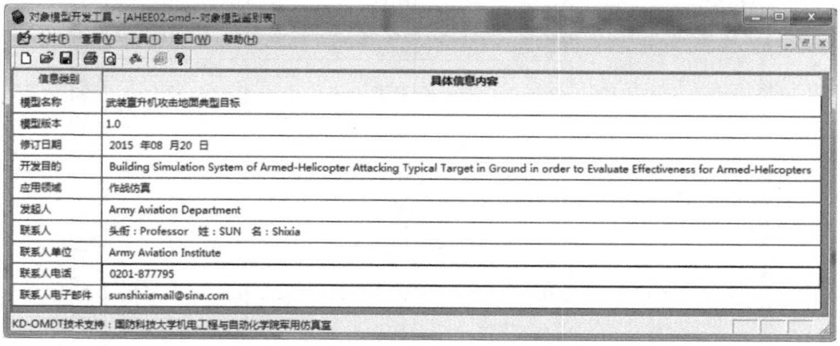

图 9-6　对象模型鉴别表

图 9-7　对象类结构表

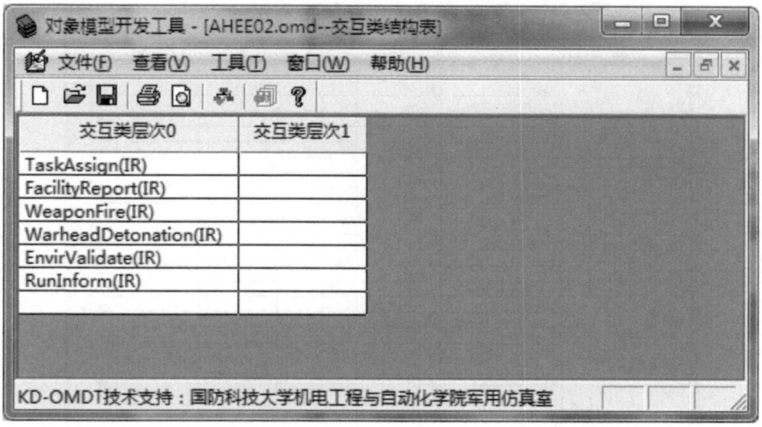

图 9-8　交互类结构表

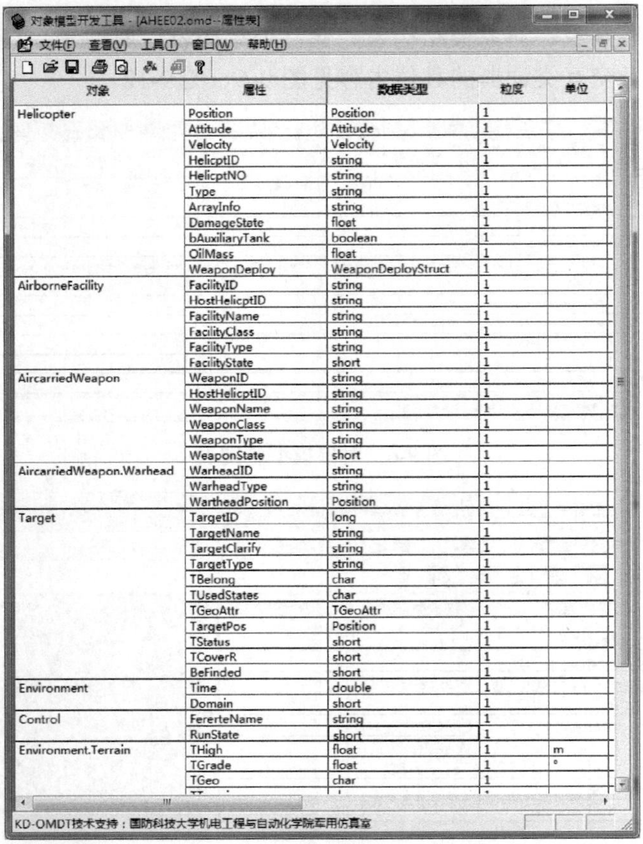

对象	属性	数据类型	粒度	单位
Helicopter	Position	Position	1	
	Attitude	Attitude	1	
	Velocity	Velocity	1	
	HelicptID	string	1	
	HelicptNO	string	1	
	Type	string	1	
	ArrayInfo	string	1	
	DamageState	float	1	
	bAuxiliaryTank	boolean	1	
	OilMass	float	1	
	WeaponDeploy	WeaponDeployStruct	1	
AirborneFacility	FacilityID	string	1	
	HostHelicptID	string	1	
	FacilityName	string	1	
	FacilityClass	string	1	
	FacilityType	string	1	
	FacilityState	short	1	
AircarriedWeapon	WeaponID	string	1	
	HostHelicptID	string	1	
	WeaponName	string	1	
	WeaponClass	string	1	
	WeaponType	string	1	
	WeaponState	short	1	
AircarriedWeapon.Warhead	WarheadID	string	1	
	WarheadType	string	1	
	WartheadPosition	Position	1	
Target	TargetID	long	1	
	TargetName	string	1	
	TargetClarify	string	1	
	TargetType	string	1	
	TBelong	char	1	
	TUsedStates	char	1	
	TGeoAttr	TGeoAttr	1	
	TargetPos	Position	1	
	TStatus	short	1	
	TCoverR	short	1	
	BeFinded	short	1	
Environment	Time	double	1	
	Domain	short	1	
Control	FererteName	string	1	
	RunState	short	1	
Environment.Terrain	THigh	float	1	m
	TGrade	float	1	°
	TGeo	char	1	

图 9-9　属性表

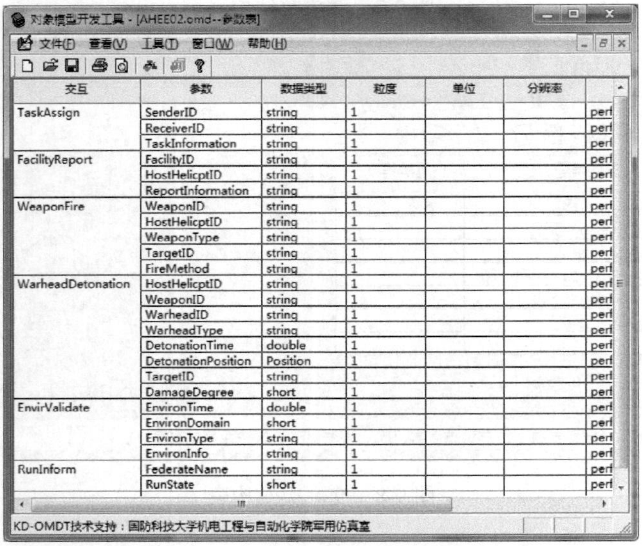

交互	参数	数据类型	粒度	单位	分辨率	
TaskAssign	SenderID	string	1			perl
	ReceiverID	string	1			perl
	TaskInformation	string	1			perl
FacilityReport	FacilityID	string	1			perl
	HostHelicptID	string	1			perl
	ReportInformation	string	1			perl
WeaponFire	WeaponID	string	1			perl
	HostHelicptID	string	1			perl
	WeaponType	string	1			perl
	TargetID	string	1			perl
	FireMethod	string	1			perl
WarheadDetonation	HostHelicptID	string	1			perl
	WeaponID	string	1			perl
	WarheadID	string	1			perl
	WarheadType	string	1			perl
	DetonationTime	double	1			perl
	DetonationPosition	Position	1			perl
	TargetID	string	1			perl
	DamageDegree	short	1			perl
EnvirValidate	EnvironTime	double	1			perl
	EnvironDomain	short	1			perl
	EnvironType	string	1			perl
	EnvironInfo	string	1			perl
RunInform	FederateName	string	1			perl
	RunState	short	1			perl

图 9-10　参数表

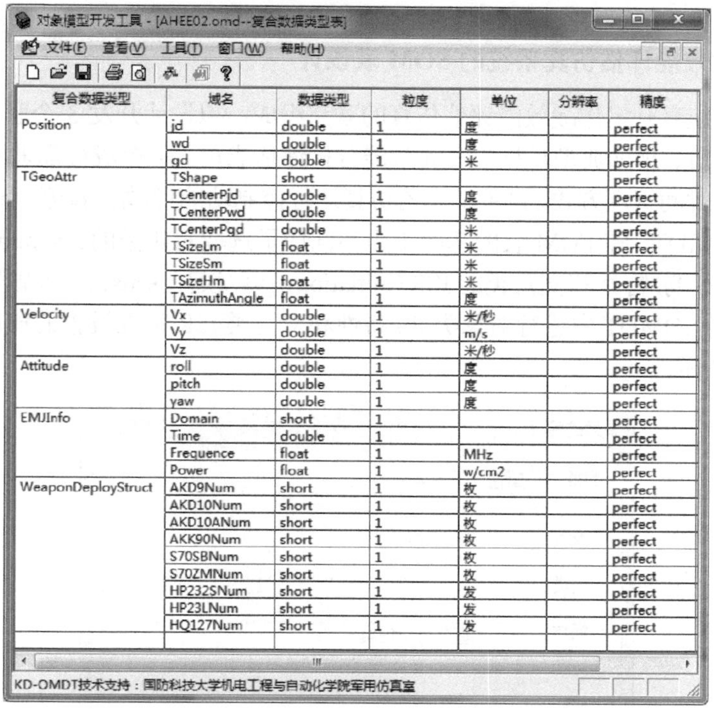

复合数据类型	域名	数据类型	粒度	单位	分辨率	精度
Position	jd	double	1	度		perfect
	wd	double	1	度		perfect
	gd	double	1	米		perfect
TGeoAttr	TShape	short	1			perfect
	TCenterPjd	double	1	度		perfect
	TCenterPwd	double	1	度		perfect
	TCenterPgd	double	1	米		perfect
	TSizeLm	float	1	米		perfect
	TSizeSm	float	1	米		perfect
	TSizeHm	float	1	米		perfect
	TAzimuthAngle	float	1	度		perfect
Velocity	Vx	double	1	米/秒		perfect
	Vy	double	1	m/s		perfect
	Vz	double	1	米/秒		perfect
Attitude	roll	double	1	度		perfect
	pitch	double	1	度		perfect
	yaw	double	1	度		perfect
EMJInfo	Domain	short	1			perfect
	Time	double	1			perfect
	Frequence	float	1	MHz		perfect
	Power	float	1	w/cm2		perfect
WeaponDeployStruct	AKD9Num	short	1	枚		perfect
	AKD10Num	short	1	枚		perfect
	AKD10ANum	short	1	枚		perfect
	AKK90Num	short	1	枚		perfect
	S70SBNum	short	1	枚		perfect
	S70ZMNum	short	1	枚		perfect
	HP232SNum	short	1	发		perfect
	HP23LNum	short	1	发		perfect
	HQ127Num	short	1	发		perfect

图 9-11　复合数据类型表

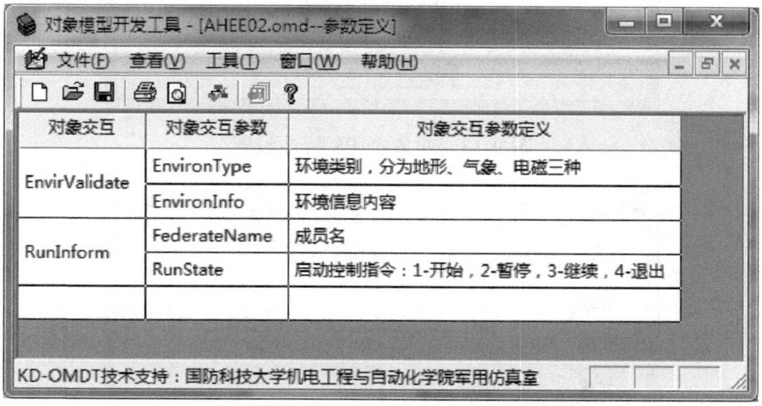

对象交互	对象交互参数	对象交互参数定义
EnvirValidate	EnvironType	环境类别，分为地形、气象、电磁三种
	EnvironInfo	环境信息内容
RunInform	FederateName	成员名
	RunState	启动控制指令：1-开始，2-暂停，3-继续，4-退出

图 9-12　交互类词典

以上各表设计完成后单击对象模型开发工具菜单栏的“保存”按钮，给对象模型命名为“AHEE02”，则在模型检测窗口出现以下提示：

“正在检查 AHEE02.omd 的一致性…”

“检查完毕，模型符合要求。”

此时 OMDT 在指定目录下自动生成 AHEE02.omd、AHEE02.omt 和 AHEE02.fed 三个文件，FOM 表设计完成；否则需要按提示完善。

9.2.3 作战效能评估仿真系统的 SOM 表设计

根据武装直升机作战效能评估仿真的联邦组成，拟设计开发 3 个联邦成员：武装直升机成员、地面典型目标成员和效能分析评估成员；每个成员都采用时间控制/时间受限的时间管理方式，自带基本的仿真运行控制功能(开始、暂停、继续、退出)。

采用 OMDT，在 FOM 表的基础上为不同成员选取对象类的 PS(publish，公布；subscribe，订购)特性和交互类的 ISR(initiation，可发起；senses，可感知；reacts，可回应)特性。OMDT 中进行对象类 PS 特性和交互类 ISR 特性设置的窗口如图 9-13 和图 9-14 所示。

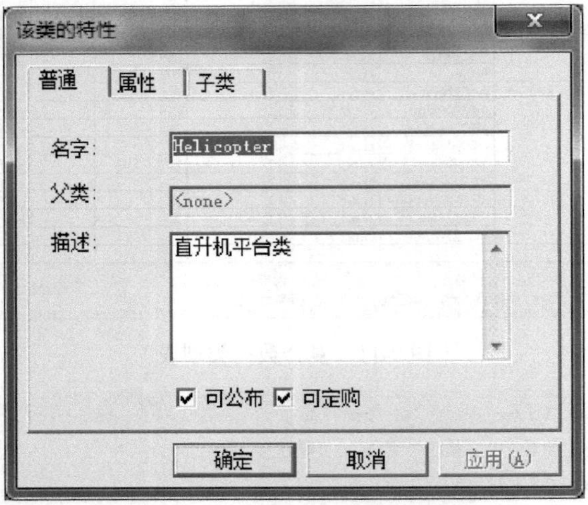

图 9-13　对象类 PS 特性设置

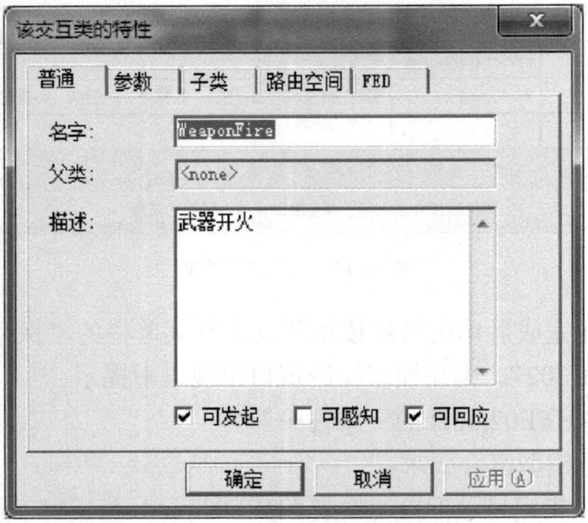

图 9-14　交互类 ISR 特性设置

单击对象模型开发工具菜单栏上的“另存为”按钮，在保存类型中分别选择 HLA OMT DIF 文件和 RTI v1.3 FED 文件，为各成员分别生成 OMT 文件和 FED 文件，为采用 FedWizzard 工具生成联邦成员框架和联邦成员运行奠定数据基础。利用 OMDT 生成武装直升机成员 HLA OMT DIF 文件的窗口如图 9-15 所示。

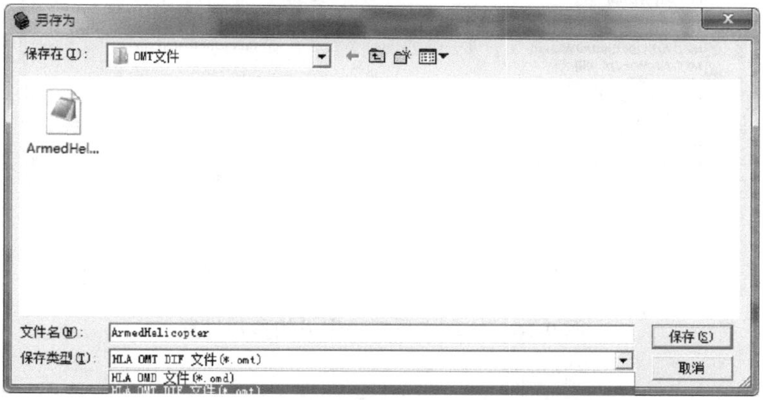

图 9-15　生成武装直升机成员的 HLA OMT DIF 文件

SOM 表设计中一共为武装直升机、地面典型目标和效能分析评估三个成员生成 6 个文件，分别为：

ArmedHelicopter.omt
ArmedHelicopter.fed
GRDTarget.omt
GRDTarget.fed
EffectiveEvaluation.omt
EffectiveEvaluation.fed

9.2.4　仿真系统成员开发

基于 Windows 7 操作系统和 Microsoft Visual C++ 6.0 开发环境，采用 FedWizzard 成员生成向导工具进行联邦成员开发。以武装直升机成员为例，联邦成员开发过程如下所示。

1. 选择生成联邦成员向导工程文件

启动 Microsoft Visual C++ 6.0 开发环境，打开新建项目窗口，在项目类别里选择“联邦成员自动生成”，然后在“Project name”栏中输入成员的项目名称，在“Location”栏中输入项目保存位置，选中“Creat new workspace”，单击 OK 按钮。仿真成员工程生成的参数设置对话框如图 9-16 所示。

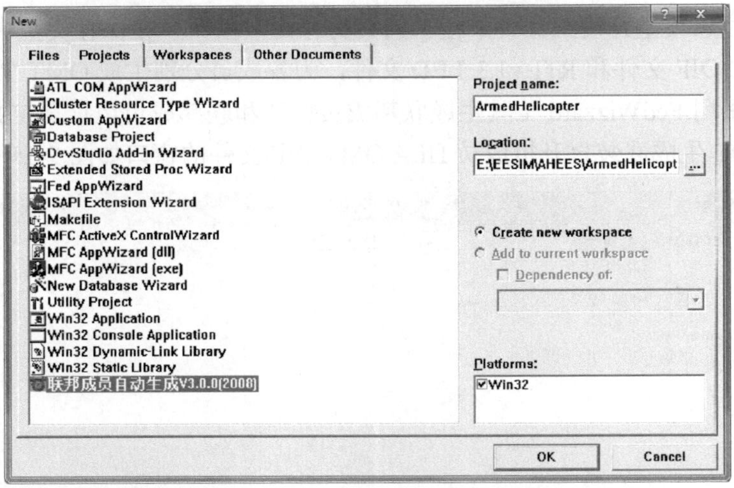

图 9-16　仿真成员工程生成的参数设置

2. 设置工程文件的联邦成员参数

工程生成向导的步骤 1～步骤 5 为成员生成向导引入的联邦成员参数设置。

步骤 1：选择生成联邦成员。

步骤 2：设置联邦成员通用信息，包括 FED 文件位置、OMT 文件位置、联邦名称、联邦成员名称、设置时间推进策略、仿真步长、仿真初始时间等。

步骤 3：设置联邦成员公布/订购的对象类及其属性的信息。

步骤 4：设置联邦成员公布/订购交互类及其参数的信息。

步骤 5：确认联邦成员生成向导自动生成的文件。

步骤 1～步骤 5 的参数选择和信息设置界面如图 9-17～图 9-21 所示。

图 9-17　选择生成联邦成员

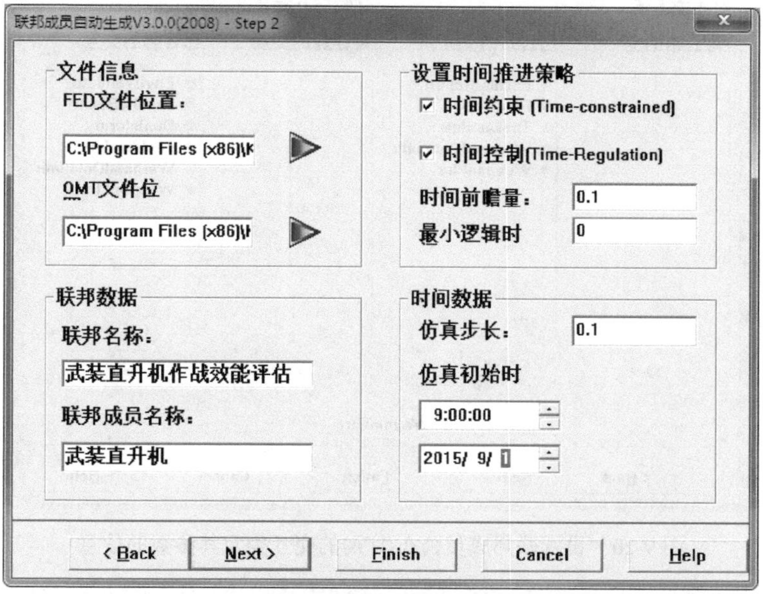

图 9-18 设置联邦成员通用信息

图 9-19 设置联邦成员公布/订购的对象类及其属性

图 9-20　设置联邦成员公布/订购的交互类及其参数的信息

图 9-21　联邦成员生成向导自动生成文件说明

3. 设置工程文件的常规参数

工程生成向导的步骤 6～步骤 11 为常规参数设置。

步骤 6：按默认选择“Single document”(单文档)类别。

步骤 7：按默认选择“None”(暂不启用数据库)。

步骤 8：按默认选择“None”（不使用复合文档支持）。
步骤 9：选中“Windows Sockets”复选框(使用 Windows Sockets 特性)。
步骤 10：按默认选择“As a Shared DLL”（使用动态链接库）。
步骤 11：设置联邦成员视图的基类，本工程中选择基于“CFormView”。
步骤 9 和步骤 11 的选择界面见图 9-22 和图 9-23。

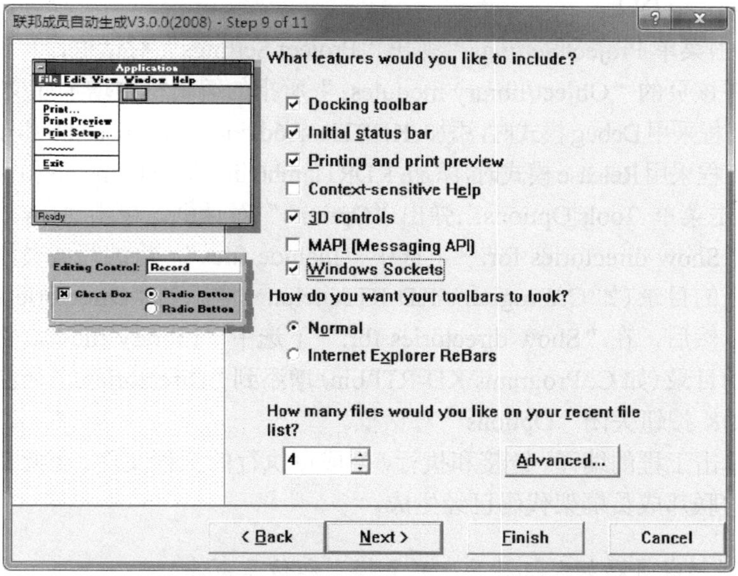

图 9-22　选择“Windows Sockets”特性

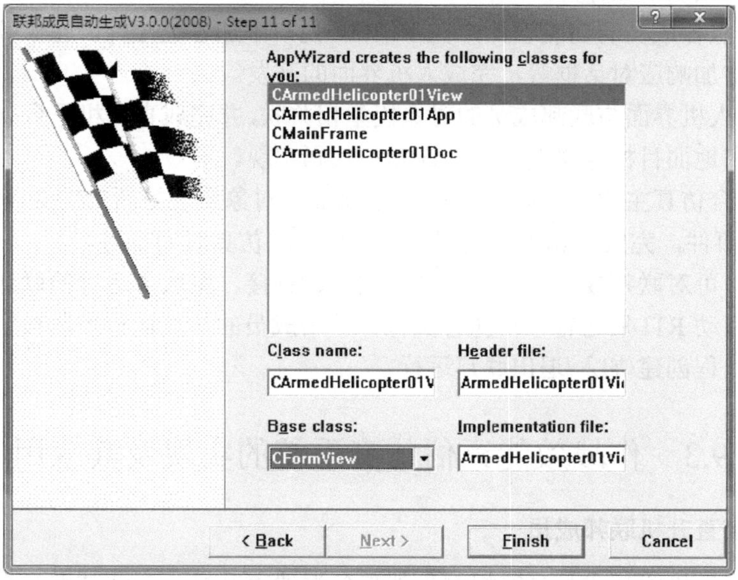

图 9-23　设置联邦成员视图的基类

4. 为联邦成员工程文件配置编译环境

配置方法如下：

(1) 单击菜单 Project|Settings…弹出“Project Settings”对话框，单击“General”属性页，在该页的“Microsoft Foundation Classes:”所对应的下拉列表中选择：Use MFC in a Shared DLL。

(2) 单击菜单 Project|Settings…弹出“Project Settings”对话框，单击“Link”属性页，在该页的“Object/library modules：”所指的编辑框中增加库文件：

①当工程采用Debug模式时，添加：KDRTIamb6d.lib、libFedTimed.lib和netapi32.lib；

②当工程采用Release模式时，添加：KDRTIamb6.lib、libFedTime.lib和netapi32.lib。

(3) 单击菜单 Tools|Options…弹出“Options”对话框，单击“Directories”属性页，在“Show directories for:”下选中“Include files”，将编写成员程序需要的头文件所在的目录(如 C:\Programs\KD-RTI\include)增添到“Directories：”所指的列表框中；然后，在“Show directories for:”下选中“Library files”，将需要的库文件所在的目录(如 C:\Programs\KD-RTI\bin)增添到“Directories：”所指的列表框中。单击 OK 按钮关闭“Options”对话框。

此时单击工程的编译、链接和执行，生成可执行的工程文件。至此，支持 HLA 接口规范的联邦成员框架代码已经生成。

5. 为联邦成员添加人机界面、对象模型和仿真事件

主要完成以下工作：

(1) 按照各成员的功能设计，在 FORM 视口添加各类控件，在主菜单栏添加菜单项，增加响应对话框等，完成人机界面的开发。

(2) 将人机界面与联邦成员的对象模型相关联，并完成直升机平台、任务设备、武器系统和地面目标等模型的内部嵌套和代码实现。

(3) 结合仿真主线程，添加对象注册/删除、对象属性更新/响应和交互参数发送/接收等事件，完成仿真事件处理，并策略请求仿真时间推进。

至此，可对联邦成员工程文件进行编译、链接，生成可运行的联邦成员可执行文件；启动 RTI 后运行该可执行文件，单击成员的仿真运行控制按钮，可以按照仿真主线程创建/加入/退出联邦运行。

9.3 作战效能评估仿真系统的实现及其应用

9.3.1 武装直升机联邦成员

武装直升机联邦成员具有根据作战任务派遣直升机，对武装直升机进行武器

配置和燃油加注，控制仿真运行过程，动态显示仿真运行时间、直升机对象信息、地面目标信息和仿真运行过程中的交互事件等。武装直升机联邦成员的主界面如图 9-24 所示，直升机及武器挂载信息如图 9-25 所示。该成员中的作战任务描述、直升机飞行轨迹设置和战役战术规则都在成员代码内部实现。

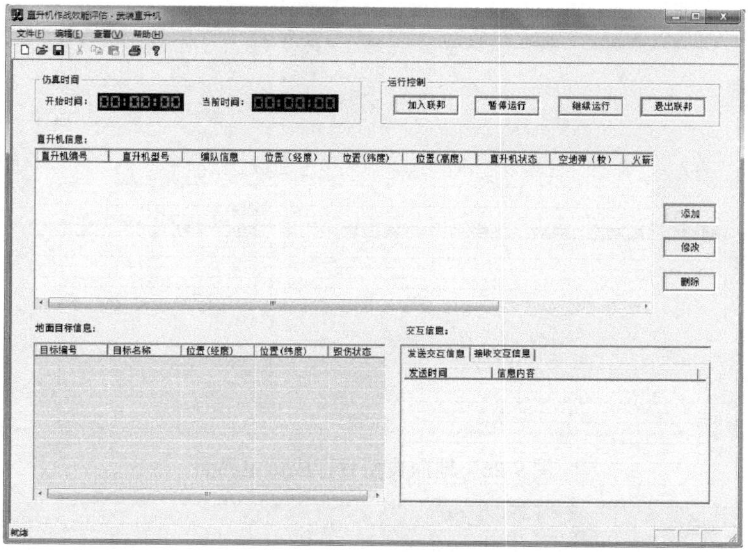

图 9-24　武装直升机联邦成员主界面

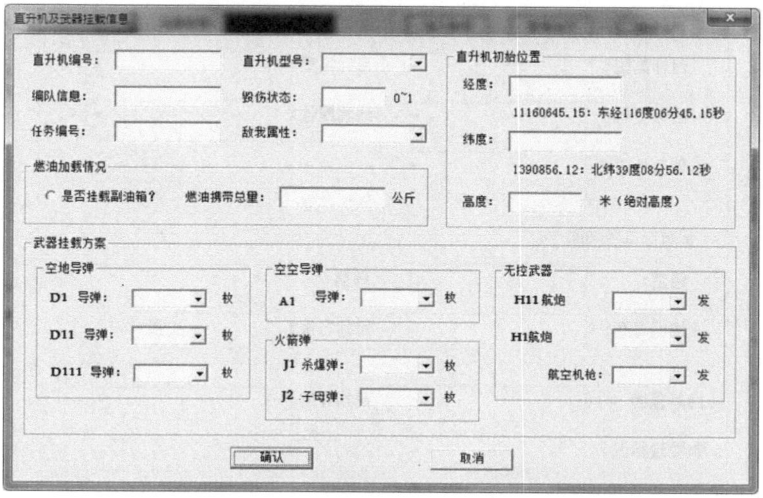

图 9-25　直升机及武器挂载信息设置界面

9.3.2　地面典型目标成员

地面典型目标成员具有典型目标信息设置、仿真运行过程控制和信息显示的功能，其主界面如图 9-26 所示，地面典型目标信息设置界面如图 9-27 所示。

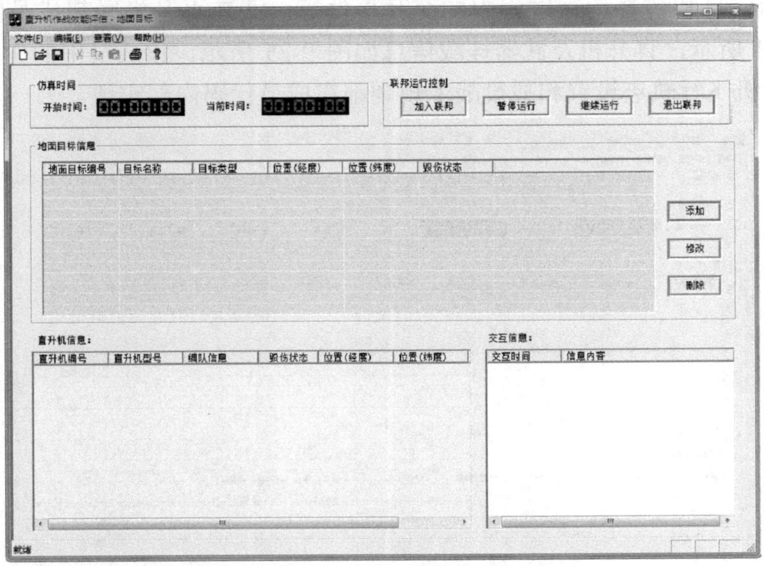

图 9-26　地面典型目标成员主界面

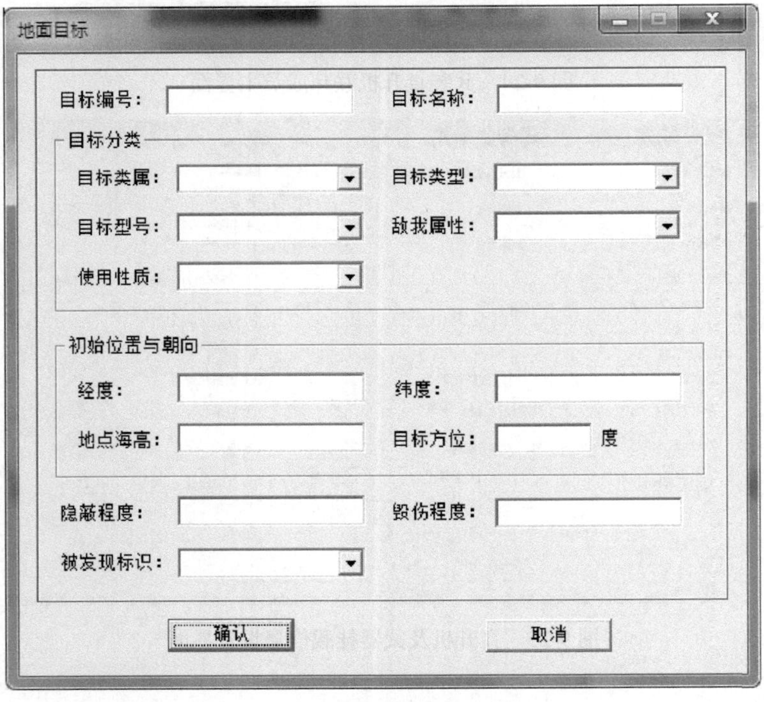

图 9-27　地面典型目标信息设置界面

地面典型目标成员暂不考虑配置武器和对武装直升机发动攻击的战术动作，地面目标模型的几何数据和运动轨迹在成员内部实现。

9.3.3　效能分析评估成员

效能分析评估成员承担着根据直升机作战效能指标评估计算的需要，采集直升机攻击地面典型目标的作战过程数据，进行统计分析，得出评估结论的功能。从实现角度，效能分析评估成员具有控制仿真运行过程，动态显示参战对象信息和交互事件信息，进行直升机平台类、任务设备类、武器系统类和综合类效能指标分析计算和分类显示的功能。

效能分析评估成员的主界面如图 9-28 所示，任务设备类、武器系统类和综合类的效能指标数据显示如图 9-29～图 9-31 所示。

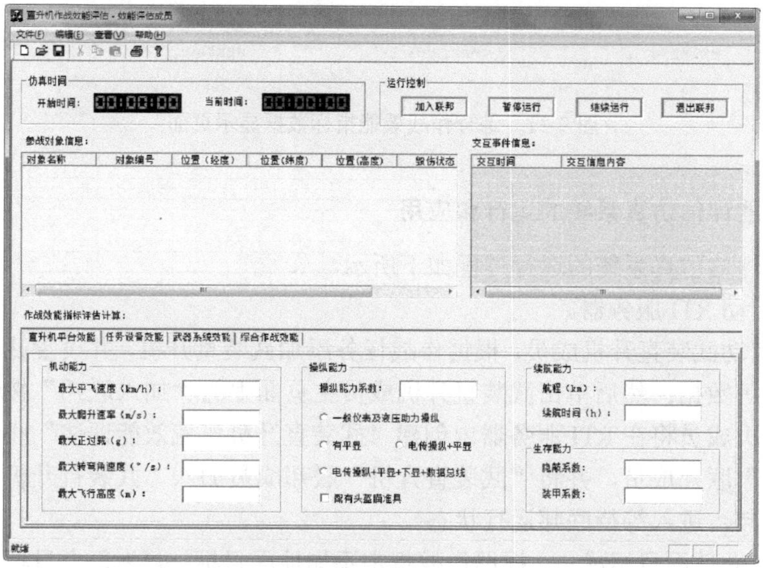

图 9-28　效能分析评估成员主界面

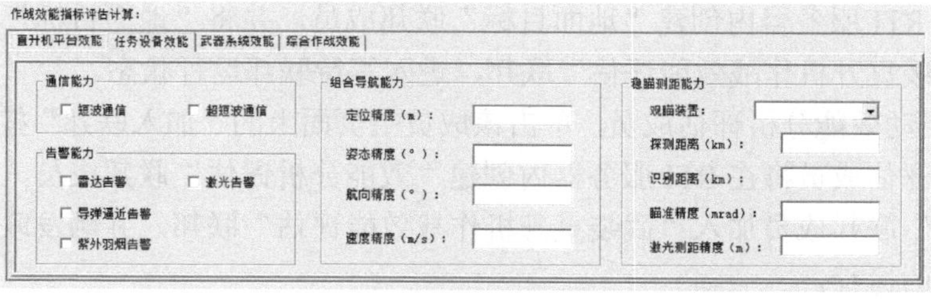

图 9-29　任务设备效能指标数据显示页面

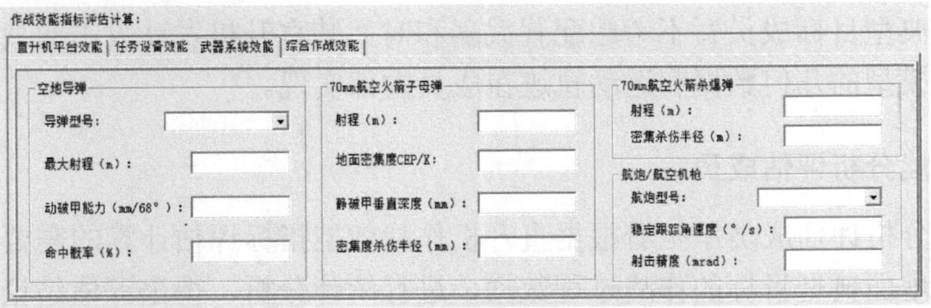

图 9-30　武器系统效能指标数据显示页面

图 9-31　综合作战效能指标数据显示页面

9.3.4　效能评估仿真系统的运行和应用

效能评估仿真系统的运行过程如下所示。

(1) 启动 RTI 服务器。

(2) 启动武装直升机成员，根据作战任务添加武装直升机，并设置武器系统和燃油油量等数据；然后单击武装直升机成员主页面上的“加入联邦”按钮。此时武装直升机成员将在 RTI 服务器内创建“武装直升机作战效能评估”联邦和“武装直升机”联邦成员，并将“武装直升机”联邦成员加入“武装直升机作战效能评估”联邦，进入等待联邦运行状态。

(3) 启动地面目标成员，根据作战想定添加地面目标，并为每个目标进行初始信息设置；然后单击地面目标成员主页面上的“加入联邦”按钮。此时地面目标成员将在 RTI 服务器内创建“地面目标”联邦成员，并将“地面目标”联邦成员加入“武装直升机作战效能评估”联邦，进入等待联邦运行状态。

(4) 启动效能分析评估成员，单击该成员主页面上的“加入联邦”按钮。此时效能分析评估成员将在 RTI 服务器内创建“效能分析评估”联邦成员，将“效能分析评估”联邦成员加入“武装直升机作战效能评估”联邦，并触发联邦中所有联邦成员的运行。

此时可以单击任一联邦成员运行控制栏目内的“暂停运行”、“继续运行”等按钮，暂停或继续联邦运行过程，并在各成员主界面上查看有关参战对象类和信息交互类动态数据。

(5)根据作战想定运行完仿真过程后，依次单击“武装直升机成员”、“地面目标成员”和“效能分析评估成员”上的“退出联邦”按钮，各联邦成员将依次退出联邦运行，并由最后退出的“效能分析评估成员”撤销 RTI 服务器内的“武装直升机作战效能评估”联邦。

(6)在“效能分析评估成员”的“作战效能指标评估计算”栏目查看该次仿真运行的效能分析计算结果。栏目中直升机平台类、任务设备类和武器系统类效能指标数据主要来自直升机及其武器系统的战技性能指标，综合类效能指标数据主要来自仿真运行的统计计算结果。

该效能分析评估仿真系统基于某型专用武装直升机对地攻击作战设计开发，主界面初始状态显示的是对地作战的典型样式和运行结果，没有考虑战场环境对作战进程的影响。在代码内部修改/补充有关武装直升机和地面目标的数据后，可用于分析评估其他型号武装直升机的作战效能。

该仿真系统基于 HLA 仿真技术标准开发，具有良好的可扩充性。基于该系统进一步开发集成战场环境配置、自动生成/加载作战想定、显示二维/三维战场态势等成员，并提供采集数据保存、运行过程回放等功能后，将提供更强的分析评估能力和更好的评估效果。

参 考 文 献

毕长剑，董冬梅，张双建. 2014. 作战模拟训练效能评估[M]. 北京：国防工业出版社.

曹义华. 2006. 直升机效能评估方法[M]. 北京：北京航空航天大学出版社.

陈定荣，刘方，王子辰. 2012. 低能见度环境下直升机态势感知系统研究和进展[J]. 航空电子技术, 43(1): 1-5.

方洋旺，伍友利，方斌. 2010. 机载导弹武器系统作战效能评估[M]. 北京：国防工业出版社.

郝政利. 2006. 未来低空战场上的多面手——陆军航空兵在未来战争中的地位与作用[J]. 现代军事, (11): 22-23.

黄俊，向锦武，武哲，等. 1999. 攻击直升机作战效能评估[J]. 南京航空航天大学学报, 31(6): 620-625.

黄柯棣，张金槐，查亚兵，等. 2000. 系统仿真技术[M]. 长沙：国防科技大学出版社.

姜明远，胡英俊. 2002. 攻击直升机作战生存力特性研究[J]. 航空科学技术, (1): 36-38.

吕峰，齐先庆，汪卫华，等. 2007. 基于改进 ADC 方法的侦察无人机作战效能指标体系研究[J]. 航空兵器, (3): 7-10.

孙世霞. 2005. 复杂大系统建模与仿真的可信性评估研究[D]. 长沙：国防科学技术大学.

孙世霞，刘宝宏，黄柯棣. 2005. 一种模型分辨率的定量度量方法[J]. 系统仿真学报, 17(8): 1982-1985, 2029.

唐见兵，查亚兵. 2013. 作战仿真系统校核、验证与确认及可信度评估[M]. 北京：国防工业出版社.

王子才. 2005. 仿真科学的发展及形成[J]. 系统仿真学报, (6): 1279-1281.

肖滨，李思昆，汪玉，等. 2005. 海军作战体系对抗集成仿真系统的研究[C]. 全国虚拟现实与可视化技术及应用学术会议，北京: 438-444.

闫耀东，王凯，杜晓坤，等. 2012. 陆军装甲装备作战试验问题研究[J]. 装甲兵工程学院学报, 26(1): 14-20.

杨峰，王维平，等. 2010. 武器装备作战效能仿真与评估[M]. 北京：电子工业出版社.

张宏斌，刘波，曹学峰，等. 2013a. 基于模糊神经网络的武装直升机作战效能评估[C]. 全军武器装备体系研究学术研讨会，葫芦岛: 521-526.

张宏斌，孙世霞，王进才，等. 2013b. 武装直升机作战效能评估解析计算模型[C]. 第二十九届全国直升机年会，景德镇: 1116-1120.

张廷良，陈立新. 2013. 军用直升机作战效能评估与运筹分析方法[M]. 北京：国防工业出版社.

赵军仓. 2006. 基于 HLA 作战环境的仿真及作战效能评估的研究[D]. 西安：西北工业大学.

赵守林. 2010. 陆军航空兵战术学[M]. 北京：解放军出版社.

周彦，戴剑伟. 2002. HLA 仿真程序设计[M]. 北京：电子工业出版社.

DMSO. 2012. High Level Architecture Specification, Version1516[R]. Orlando: Defense Modeling and Simulation Office.

Lü F, Qi X Q, Wang W H, et al. 2007. Criteria system research of the reconnaissance UAV operational effectiveness based on the improved ADC [J]. Aero Weaponry, (3): 7-10.

Sun S X, Chen X, Huang K. 2005. Credibility evaluation of large-scale complex system modeling and simulation[C]. The 2005 Spring Simulation Interoperability Conference (05S-SIW-006), San Diego: 36-43.

Zeigler B P, Kim T G, Praehofer H. 2000. Theory of Modeling and Simulation [M]. 2nd ed. Orlando: Academic Press.